Christine Schneider
Maurice Gliem

« Aller aux champignons... »

Illustrations de Daniel Stieglitz

delachaux
et niestlé

Votre première récolte

Quand peut-on y aller ?

C'est l'automne. Ces dernières semaines, le temps a été lourd et humide. Et aujourd'hui ? Enfin une belle journée, à nouveau. Cela donne envie d'air frais et de champignons à savourer !

Page 5

Le bon équipement

Après un petit déjeuner solide, vous vous habillez chaudement et vous préparez le plus important : un panier, un couteau et un guide des champignons. Idéalement, quelques amis seraient aussi les bienvenus.

Page 10

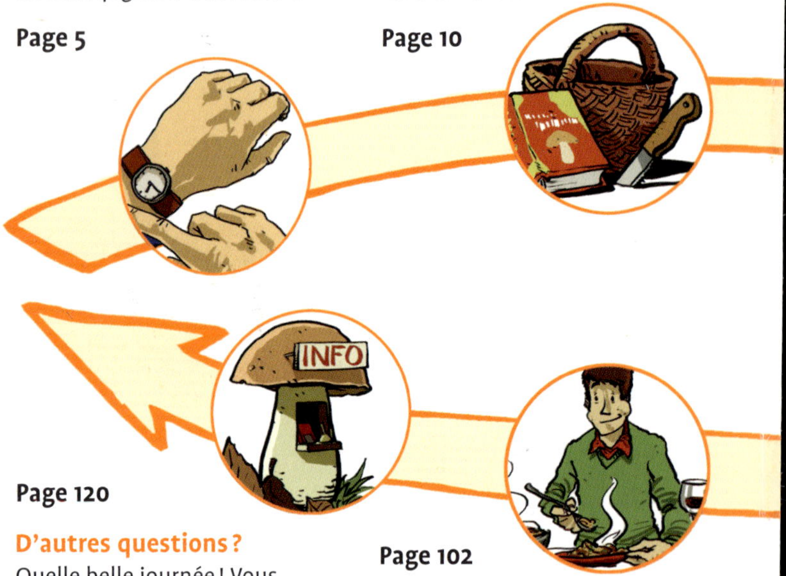

Page 120

D'autres questions ?

Quelle belle journée ! Vous avez maintenant envie d'avoir encore plus de champignons et de recettes de préparation… et vous vous êtes peut-être découvert un nouveau passe-temps, avec beaucoup d'air frais et de champignons à savourer.

Page 102

Le panier est rempli – que faire ?

Sur le chemin du retour, vous achetez trois œufs frais par personne et le repas du soir est tout trouvé. Nettoyez les champignons, coupez-les en morceaux, cuisez-les, ajoutez les œufs battus, assaisonnez – et votre toute première omelette aux champignons des bois est prête : un régal !

L'alpha et l'oméga, c'est l'endroit !

Vous vous cherchez une belle forêt, avec beaucoup de mousse et d'endroits humides. Là, vous commencez à chercher des cèpes : avec eux, il n'y a guère de confusion à redouter.

Page 14

Identifier et cueillir les champignons

Gagné ! Un beau champignon, avec des tubes bien en évidence sous le chapeau. C'est le moment de feuilleter le guide – comportement qui doit devenir un réflexe au cours d'une cueillette, pour ne pas risquer de commettre une erreur.

Page 30

Page 40

Le *who's who* des meilleurs

Vous voici à la référence : votre trouvaille correspond-elle vraiment à l'une des descriptions ? Oui ? À coup sûr ? Alors nettoyez rapidement votre prise et hop ! dans le panier. Mais avec précaution, pour éviter les flétrissures. N'oubliez pas de repérer le lieu de la trouvaille... pour une prochaine fois.

Quand peut-on y aller ?

Le bon moment

Beaucoup de gens pensent que les champignons ne poussent qu'en automne. Il peut se faire que beaucoup de ramasseurs soient, à ce moment-là, à la chasse des meilleures espèces. Mais cela ne signifie pas pour autant que l'on ne peut pas trouver des champignons pendant les autres saisons.

Les champignons, qu'est-ce que c'est ?

Les champignons ne sont ni des animaux ni des plantes. Ils n'ont pas de feuilles comme celles-ci et ils vivent tout différemment de ceux-là. À quel règne appartiennent ces êtres bizarres ? Ils sont en fait si particuliers qu'ils constituent en biologie leur propre règne – celui des champignons. Ce que nous voyons et consommons du champignon n'est pas la totalité de son organisme, mais une partie seulement de celui-ci – celle par laquelle il peut assurer sa reproduction : c'est le carpophore d'un immense cordon souterrain que l'on appelle mycélium. Ledit mycélium ne produit toutefois ses carpophores qu'à certaines époques déterminées, de la même façon que les arbres ne produisent des fruits que dans certains mois. Le ramasseur de champignons doit garder cela en tête, pour bien choisir le moment de sa cueillette.

Les quatre saisons

Une grande partie des champignons comestibles sortent effectivement en automne. Mais beaucoup aussi poussent toute l'année, et l'on connaît également des champignons de printemps, d'été et d'hiver. Le temps joue du reste souvent un rôle décisif dans le succès d'une cueillette (voir page 8). Un ramassage peut donc être fructueux à tout moment de l'année ! Le tableau en haut de la page suivante vous donne un aperçu des champignons comestibles pour chaque saison de l'année.

Les champignons ne poussent pas seulement en automne !	Printemps	Été	Automne	Hiver
mousseron de printemps	■			
morille	■			
cèpe d'été		■		
bolet bai			■	
trompette-des-morts			■	
pleurote en huître				■
coprin chevelu		■	■	
oreille-de-Judas	■	■	■	■

Les exceptions confirment la règle

Certains aléas climatiques, comme des périodes de froid ou de sécheresse, peuvent modifier plus ou moins fortement les périodes de cueillette. Mais il arrive aussi que maintes espèces poussent à d'autres moments qu'à leur saison habituelle. Les spécialistes eux-mêmes ne sont pas toujours capables d'expliquer ce phénomène, car la croissance des champignons est un processus complexe qui dépend de très nombreux facteurs. Les mois signalés pour l'apparition des différentes espèces doivent donc être considérés comme des indications approximatives.

Premier arrivé...

... premier servi ! C'est également vrai pour le ramassage des champignons. Il vaut souvent la peine de se lever plus tôt que les autres amateurs, pour découvrir plus tôt les sites favorables.

Randonnées « champignons »

Il est recommandé de participer, pour votre première sortie « champignons », à un parcours guidé par un mycologue qui pourra vous accompagner dans vos premières expériences. On trouvera des offres de ce genre auprès des associations mycologiques ou de naturalistes, ou bien encore sur Internet.

Le temps des champignons

Les conditions météorologiques jouent un grand rôle dans la croissance des champignons, mais là encore les règles générales ne s'appliquent pas uniformément à toutes les espèces. Dans tous les cas, certaines conditions atmosphériques influent positivement sur leur croissance.

L'humidité de l'air

Les carpophores des champignons peuvent être gênés dans leur croissance par la sécheresse de l'air. Un fort degré d'hygrométrie est donc une des conditions essentielles pour assurer une bonne récolte. Une seule journée de lourde moiteur orageuse ne suffira pas : l'humidité de l'air doit être élevée depuis quelques jours ou quelques semaines, pour que le ramassage puisse être fructueux. Inversement, le vent et une chaleur sèche réduiront les chances de remplir le panier.

L'humidité du sol

Il est clair que les champignons pompent dans le sol l'essentiel de leur humidité. Mais quelques pluies isolées ne produisent pas l'effet escompté, surtout lorsqu'un temps chaud vient rapidement sécher la surface des sols. Votre ramassage devra être précédé d'une bonne période de pluie et de ciel couvert.

Votre premier ramassage...

... se fera idéalement comme suit :

- à la fin de l'été ou en automne (d'août à octobre), à la saison des bolets bais, des bolets orangés et des cèpes des pins (tous champignons sur lesquels on ne peut guère se tromper) ;
- après une période de pluie d'une à deux semaines, par temps relativement chaud ;
- le matin de bonne heure.

Le pleurote en huître prospère aussi en hiver.

La bonne température

Des températures froides gênent la croissance de la plupart des champignons, alors qu'une certaine chaleur la favorise. Chaque espèce a une « température de prédilection » précise qui lui assure la croissance la plus rapide. Cette température optimale oscille généralement entre 18 et 27 °C. Lorsqu'il fait trop chaud ou trop froid, beaucoup de champignons ne sortent absolument pas et il sera impossible d'en trouver, même dans les meilleurs endroits. Cela ne veut pas dire que le panier doit rester vide, car il y a là aussi des exceptions : le pleurote en huître, par exemple, ne commence à sortir qu'après un abaissement de la température au-dessous de 11 °C, et il supporte apparemment très bien des températures voisines de zéro.

Le bon équipement

Préparer le panier

Un équipement approprié est indispensable. Si votre récolte n'a pas assez d'air et d'espace dans votre récipient de ramassage, cela peut non seulement gâter la cueillette, mais aussi avoir des conséquences sur votre santé. Un bon équipement contribue donc aussi à votre sécurité !

L'habillement

À l'instar du randonneur ou du montagnard, le ramasseur de champignons doit être correctement équipé. Des chaussures solides, des vêtements confortables et une bonne protection contre la pluie seront donc les éléments indispensables pour une cueillette prolongée. On quitte rapidement les chemins pour parcourir en tous sens sous-bois et halliers, et l'on doit se battre souvent contre les ronces (attention aux tiques).
Il faut penser à tout cela en s'habillant.

Jamais sans mon livre

N'oubliez sous aucun prétexte d'emporter un guide. Si vous ne pouvez pas vérifier précisément la comestibilité du champignon cueilli, le ramassage perdra vite tout intérêt et toute utilité. Il faut être sûr à cent pour cent de ce que vous ramassez – et cela est impossible pour un néophyte sans un bon guide qui montre les « doubles » vénéneux. Vous trouverez à partir de la page 32 ce que vous devez déterminer à coup sûr. On écartera systématiquement les champignons non identifiés avec sûreté.
On fera bien d'emporter aussi un crayon et un petit carnet, qui permettront de prendre des notes en vue du prochain ramassage : où était ce champignon ? Est-il encore trop petit aujourd'hui pour être cueilli ? Etc.

Le panier de ramassage

Si l'on veut rapporter à la maison des champignons à la fois intacts et appétissants, il convient de se munir d'un récipient aéré, solide et stable. Paniers d'osier et cageots paraissent les mieux appropriés pour rapporter la récolte ; sacs fermés, pochons et pochettes en plastique resteront à la maison, sinon les champignons cueillis y seraient pressés les uns contre les autres et endommagés. Pire même : les champignons cueillis perdent toujours un peu de leur humidité ; si celle-ci n'est pas éliminée rapidement, la cueillette se corrompra très rapidement. Même s'il s'agit de champignons parfaitement comestibles, leur mauvaise conservation risque même de les faire devenir toxiques – comme du vieux poisson ou de la saucisse moisie.

Le couteau

L'équipement de base comporte aussi un couteau. Les divers modèles de couteau de poche feront ici l'affaire, car leur taille diminue les risques de blessure. Convenablement nettoyé, ledit couteau aura aussi son utilité pour le casse-croûte.

Truc

Un bon tuyau

Si vous en êtes à votre premier ramassage et que vous rencontrez quelque succès encourageant, la cueillette risque de se prolonger plus longtemps que prévu. Il ne sera donc pas inutile d'emporter de la boisson et quelques « vivres de course ». Et si le succès n'est pas au rendez-vous, un petit morceau de chocolat remonte le moral ! Il est tout aussi plaisant et profitable de partir avec quelques amis : six ou huit yeux voient mieux que deux et une consultation en commun rend les identifications plus sûres.

L'alpha et l'oméga, c'est l'endroit

Le milieu de vie

Savoir où les champignons aiment à vivre et prospérer, c'est l'art véritable du ramasseur expérimenté. La connaissance des exigences de la niche écologique adaptée à chaque espèce de champignon facilite non seulement leur recherche, mais aussi leur identification.

Les champignons poussent quand même...

... en forêt, chacun sait cela ! Et de fait, les forêts sont bien des zones de ramassage privilégiées – mais ce ne sont pas les seules. Qu'en est-il au juste et pourquoi ? Beaucoup de champignons vivent en symbiose avec des arbres, par le phénomène de mycorhize. Le mycélium du champignon se colle aux racines de l'arbre, qu'il enveloppe et finit par pénétrer. Il reçoit alors de l'arbre des hydrates de carbone, en échange de l'eau et des sels nutritifs qu'il lui apporte.
Quelques-uns de ces champignons à mycorhizes s'attachent exclusivement à un seul type d'arbre, auprès duquel on les retrouvera régulièrement : le lactaire délicieux, le bolet élégant ou le bolet orangé sont dans ce cas.
D'autres espèces sont plus souples et peuvent s'associer en symbiose mycorhizique avec divers arbres. Ainsi les cèpes poussent-ils aussi bien sous les pins, les épicéas ou les sapins que sous les chênes et les hêtres.

La forêt n'est pas toujours la même

En fonction des conditions pédologiques et végétales, les forêts offrent aux champignons des niches écologiques très différentes. Vous trouverez dans les pages suivantes une vue d'ensemble des différentes forêts et des champignons qu'on y trouve.

L'âge de la forêt est également un facteur important. On ne trouve le plus souvent que peu de champignons dans les plantations récentes ; les forêts plus anciennes sont déjà plus prometteuses.
Plus une forêt est « naturelle », plus on a de chance d'y trouver des champignons. On reconnaîtra ce genre de forêt à trois aspects essentiels : 1. Il y pousse une grande variété de plantes. 2. Les arbres n'y sont pas tous de même hauteur (donc ils n'ont pas tous le même âge).
3. On y trouve aussi des arbres morts, des souches et des branches tombées.

Autres lieux de recherche

Les forêts ne sont pourtant pas les seules niches écologiques dans lesquelles vous avez de bonnes chances de trouver de délicieux champignons.
Les lisières des bois, les pâturages et les prairies sont aussi des lieux privilégiés.
En se promenant dans les landes et les marais, niches écologiques devenues par ailleurs plutôt rares, tout comme en parcourant les chemins ordinaires, les jardins et les parcs, il est souvent utile de garder les yeux bien ouverts.

L'oreille-de-Judas affectionne les vieux troncs de sureau.

Habitats favoris

Chaque champignon a ses propres exigences en matière de sous-sol.
La nature et la qualité de ce dernier jouent en effet un rôle essentiel : la teneur en substances nutritives, le degré d'acidité et surtout l'humidité relative sont décisifs. Près des vieilles souches, dans les terrains moussus et dans les cuvettes de terrain, le degré d'humidité est particulièrement favorable et l'on y trouvera des champignons, même par temps de sécheresse.

Les forêts de conifères

Une forêt de conifères idéale pour les champignons n'est surtout pas une réserve monotone. Y alternent tour à tour des étendues de mousse, des tapis d'aiguilles, des taillis et même de l'herbe. Les principales espèces d'arbres sont des pins, des épicéas et des sapins.

Les champignons suivants affectionnent de préférence nos forêts de conifères : bolet granulé, bolet bai, bolet à pied rouge, bolet subtomenteux, bolet tacheté, girolle, chanterelle orangée, lactaire délicieux, hydne imbriqué et clavaire crêpue.

Les forêts de pins

De nombreux champignons comestibles affectionnent les forêts de pins riches en mousse. Le ramassage est ici un vrai plaisir, car il y a peu de sous-bois et les espaces dégagés permettent une bonne vue d'ensemble. Loin des

Le sol est souvent très dégagé dans les pinèdes.

sentiers les plus parcourus, le panier de champignons se remplit assez vite.
On trouve également des forêts de pins sur des terrains très secs, donc sans beaucoup de mousse. De telles forêts sont moins riches en champignons.

Les forêts d'épicéas

Les épicéas sont à la montagne ce que les pins sont à la plaine. Les forêts d'épicéas sont très sombres et souvent très touffues. La forte couche d'aiguilles qui ne se décomposent pas freine considérablement la croissance des plantes — mais cela n'est pas un problème pour les champignons. Ces forêts sont de bonnes champignonnières qui ont souvent l'air impénétrables en raison des taillis de jeunes arbres ;
il y a pourtant, là aussi, des clairières qui se prêtent au ramassage.
On trouve également des forêts d'épicéas dans des régions plus plates ou de collines. Elles n'y sont pas naturelles et résultent de l'économie forestière. Un terrain planté de pins et de sapins représente ainsi la promesse de bonnes récoltes.

Une clairière dans une forêt touffue d'épicéas : cela vaut la peine d'aller y voir de plus près !

Les forêts de sapins et de mélèzes

Elles ne se trouvent qu'à des altitudes plus élevées, et les mélèzes seulement dans les Alpes. Plus bas, ces deux arbres se mêlent aux pins et aux épicéas ou même à des feuillus — naturels ou plantés. Il y a là quelques champignons qui vivent avec eux en symbiose, ce qui accroît la diversité mycologique.

Un partenaire sérieux : le conifère

Comme beaucoup de champignons vivent en symbiose avec des arbres, le bon ramasseur de champignons doit pouvoir identifier les espèces d'arbre les plus importantes. On ne retiendra ici que les caractères les plus simples (contrairement à ce qu'il faudra apprendre pour les champignons).

Le pin

En Europe occidentale, le pin sylvestre est la variété de pin la plus courante :

- arbre élevé, à branches irrégulières ;
- aiguilles légèrement tordues, groupées par deux ;
- intérieur de l'écorce gris-noir, parcourue de sillons en longueur ; extérieur brun rougeâtre.

L'épicéa

Il s'agit essentiellement de l'épicéa commun, dit aussi sapin rouge :

- arbre élevé, à branches régulières (comme le sapin) ;
- aiguilles piquantes, disposées radialement (en brosse) autour des rameaux ;
- cônes allongés et pendants, tombant entiers sur le sol.

Épicéa ou sapin ?

De prime abord, épicéa et sapin ne sont pas toujours faciles à distinguer. On n'aura qu'à songer à l'adage : « Épicéa pique, sapin pas ! » Vérifiez vous-même !

Le sapin

En Europe occidentale, le plus courant est le sapin blanc (ou sapin pectiné) :

- arbre élevé, à branches régulières ;
- aiguilles non piquantes, disposées de côté (en peigne);
- cônes dressés comme des bougies, et ne tombant pas entiers au sol mais écaille par écaille.

Le mélèze

Le mélèze européen pousse à l'état naturel dans les Alpes; en plaine, il est le plus souvent cultivé :

- il jaunit et perd ses aiguilles en automne ;
- ses aiguilles sont groupées en petites touffes ;
- ses cônes sont petits, en ovale arrondi.

Les forêts de feuillus

Une forêt de feuillus idéale pour les champignons doit être très diversifiée. Elle ne sera pas trop sèche. Ses principales essences sont le hêtre, le chêne, le charme, le bouleau, le peuplier tremble, etc. Ces feuillus forment des mycorhizes avec de nombreux champignons.

Les champignons suivants affectionnent de préférence les forêts de feuillus : cèpe d'été, pleurote en huître et trompette-des-morts.

Les forêts de hêtres

Le hêtre est commun en plaine dans la moitié nord de notre pays et partout en montagne. Il prospère dans les régions à humidité atmosphérique moyenne et annuelle assez élevée. On trouve en complément, à côté du hêtre, le charme, le chêne, l'érable et le frêne. Il existe toutes sortes de champignons dans les endroits un peu découverts et sans trop de petite végétation. Le ramassage y est fructueux, surtout lors des automnes pluvieux.

On reconnaît de loin les forêts de hêtres à la verte fraîcheur de leurs frondaisons.

Les forêts de chênes

Le chêne est commun en plaine dans la plus grande partie de notre pays, sauf dans le Sud-Est. Il vit souvent en compagnie du charme avec lequel il forme la principale essence des forêts dans les régions où le hêtre est absent. On peut y rencontrer de nombreuses espèces de champignons.

Les forêts inondées et les marécages à aulnes

Une pépite dans la forêt : la morille.

On trouve ces forêts (souvent transformées en peupleraies) dans les vallées des fleuves et des rivières, ou dans les terrains proches des nappes aquifères. Ces biotopes sont dans l'ensemble caractérisés par une forte humidité des sols — voire des inondations régulières. Les champignons apprécient généralement l'humidité, mais il ne pousse malheureusement ici que des espèces non comestibles, voire vénéneuses, sans intérêt pour la cuisine. Pourtant, il faudra y faire un tour au printemps, car on peut alors y ramasser des morilles blondes, comestibles excellents faciles à identifier.

Bouleaux et peupliers trembles

Nos étendues de plaine ne sont guère riches en forêts étendues de bouleaux ou de peupliers trembles, qui sont des arbres abritant beaucoup de champignons mycorhiziques. On trouve cependant ces arbres — donc leurs nombreux champignons partenaires — sur les lisières des forêts, dans les bosquets ou bien comme arbres d'allées ou encore en individus solitaires.

Un partenaire sérieux : le feuillu

On trouve dans nos plaines beaucoup plus de feuillus que de conifères. Les espèces les plus courantes sont en même temps très intéressantes pour le ramasseur de champignons. Elles se comptent facilement sur les doigts d'une main.

Le hêtre

Le hêtre est commun dans une grande partie de notre pays :

- feuilles ovales, appointies, à bord lisse ;
- écorce grise et lisse ;
- on trouve les fruits (faines) entiers ou éclatés au sol sous l'arbre.

Le bouleau

Il existe sous nos climats deux ou trois espèces de bouleaux :

- feuilles triangulaires, à bord dentelé ;
- écorce blanche avec des crevasses noirâtres ;
- rameaux minces et pendants.

Le chêne

Le plus fréquent chez nous est le chêne pédonculé :

- feuilles sans pétiole ou presque, fermes, à bords profondément lobés ;
- gland enchâssé dans une cupule pédonculée ;
- branches souvent tordues de façon irrégulière.

Le charme

Le charme ressemble un peu au hêtre :

- feuilles ovales appointies, à bords irrégulièrement dentelés ;
- écorce lisse et grise, tronc souvent ramifié en buisson ;
- fruits à bractée trilobée.

Le peuplier tremble

On l'appelle aussi simplement « tremble » :

- feuilles arrondies à bords grossièrement ondulés ;
- pétiole des feuilles plats, ce qui fait « trembler » les feuilles dans le vent ;
- écorce grisâtre et brillante, avec des « verrues » sombres.

Les forêts mixtes de feuillus et de conifères

La plupart de nos forêts ne sont pas des forêts pures de feuillus ou de conifères, mais des forêts mixtes. De nombreuses espèces d'arbre y poussent, ce qui accroît la diversité des champignons. On rencontre aussi des arbres dans les parcs et les jardins : ces lieux sont de bons terrains de ramassage.

Les forêts mixtes

Il n'y a guère de champignons poussant uniquement dans la forêt mixte. Ils sont en effet attachés soit à certaines espèces d'arbres, soit à un type de terrain déterminé, ou bien si peu spécifiques qu'on les catalogue comme très répandus.

Des essences d'arbre très déterminées se trouvent souvent associées dans la forêt, parce qu'elles apprécient le même biotope. Les bouleaux poussent très volontiers dans les forêts de conifères, les forêts de chênes et les forêts marécageuses ; érables et frênes affectionnent en revanche les forêts de hêtres et préfèrent les habitats riches en substances nourricières. L'abondance des champignons dans la forêt mixte ne repose donc pas sur le fait que chaque espèce d'arbre apporte avec lui ses partenaires. Il arrive aussi, naturellement, que des champignons ne soient pas liés à des arbres.

D'ailleurs, là où il y a toutes sortes d'arbres et de champignons, vous pouvez aussi découvrir d'autres merveilles de la nature. Gardez les yeux et les oreilles bien ouverts et vous pourrez repérer nombre d'animaux et de plantes de toute beauté. Songez seulement que dans les paradis naturels, il ne faut pas ramasser des champignons qui sont protégés !

La variété des essences d'arbres engendre celle des champignons : on peut donc trouver toutes sortes d'espèces dans les forêts mixtes.

Les parcs et les jardins

Dans les parcs et les jardins, mais aussi dans les cimetières ou les avenues, les conditions sont particulièrement favorables pour les champignons (sauf s'il y a excès d'engrais), car deux facteurs essentiels se combinent ici : d'une part, parmi les essences souvent mélangées au hasard et dans des populations d'arbres fréquemment assez anciennes, toutes sortes de champignons mycorhiziques peuvent se développer aisément, que l'on retrouve aussi en forêt ; d'autre part, on trouve sur les surfaces gazonnées les champignons des prés typiques. Ajoutons à cela que des substrats particuliers – composts ou amas d'écorces – offrent des conditions très favorables qui peuvent être, à leur tour, appréciées par d'autres espèces de champignons.

Champignons noirs pour tout le monde !

L'oreille-de-Judas (voir page 98) – également connue sous le nom de « champignon noir chinois ») – se trouve probablement à votre portée immédiate. Cette espèce affectionne en effet les vieux buissons de sureau : il y en a sûrement pas très loin de chez vous, dans un jardin ou dans un parc.

Prairies et pâturages

Une prairie à champignons a de l'herbe courte, puisqu'elle est régulièrement fauchée ou broutée. Il y pousse toutes sortes d'herbes et de fleurs, mais aussi des champignons. Les prairies pauvres en espèces, où ne poussent que des pissenlits, n'abritent que très peu de champignons comestibles, mais ils sont souvent très abondants.

Les champignons suivants poussent de préférence dans les prairies et les pâturages : rosé-des-prés, coprin chevelu et marasme des oréades.

Appréciés quoique dangereux

Pâturages et prairies sont des lieux particulièrement appréciés des ramasseurs de champignons. La récolte peut y être fort abondante, car beaucoup d'espèces sont facilement repérables sur le vert des prairies. Le risque de tomber sur des champignons des bois vénéneux est assez limité, mais cependant la règle traditionnelle qui dit que « Dans les prés ne poussent pas de champignons vénéneux » n'a aucune valeur. Il existe en effet toute une série de champignons des prés, petits pour la plupart, qui sont toxiques ! Comme dans tout autre biotope, il vous faut donc vérifier avec précision si vous avez bien en main une espèce comestible avant de la mettre dans le panier.

Vraiment difficiles à ne pas remarquer : de jeunes coprins chevelus.

Vraiment peu appétissants : de vieux coprins chevelus.

Où est la coulemelle ?

La coulemelle, si appréciée, est souvent considérée comme l'archétype du champignon de prairie. Elle n'en est pourtant pas un ! Elle préfère nettement les forêts claires et les clairières, mais il lui arrive aussi de pousser dans les prairies. Comme elle se distingue de loin dans le vert de l'herbe rase, beaucoup de gens ont l'impression qu'elle affectionne tout particulièrement cet habitat.

Coprin chevelu : à consommer très rapidement

Peut-être le connaissez-vous déjà : le coprin chevelu est un champignon très commun, hôte typique des prairies et des pâturages où il pousse souvent en groupes. Si vous l'avez trouvé (et soigneusement déterminé), vous avez intérêt à le préparer très vite — faute de quoi il montre rapidement son côté « encre » et se transforme en une masse noirâtre gluante et peu appétissante.

Un bon tuyau

Si vous ne voulez pas emporter avec vous votre réchaud de camping, vous pouvez consommer les coprins chevelus en hors-d'œuvre : coupés en deux, assaisonnés et grillés en un tournemain, avec un morceau de pain blanc, et c'est prêt !

Comestible ou vénéneux ?

Identifier et récolter des champignons

Identifier à coup sûr

Que le papillon qui charme vos yeux s'appelle « grande tortue » ou « petite tortue », cela est fort intéressant, mais pas vital. Il en va tout autrement avec les champignons. Mais si vous vous en tenez aux règles fondamentales de l'identification, vous serez en sûreté.

Trois règles d'or

1. Identifiez très soigneusement chacun des champignons que vous mettrez dans votre panier. Espèces vénéneuses et comestibles poussent souvent les unes à côté des autres et se ressemblent très fréquemment.
2. N'identifiez les champignons que par comparaison avec une photographie accompagnée d'un texte descriptif. Lisez attentivement toute la description et comparez soigneusement chaque détail avec votre trouvaille. Il faut tenir compte aussi du lieu, du parfum et (éventuellement) du goût, sauf pour les espèces présumées vénéneuses.
3. Si vous n'êtes pas totalement sûr de vous, délaissez le champignon ou bien consultez quelqu'un qui s'y connaît ! Ne prenez absolument aucun risque !

Du premier coup d'œil

Le premier coup d'œil sur le champignon est pour sa **silhouette**. À côté des champignons à chapeau bien connus, articulés en pied et chapeau, il existe des formes ramifiées, arrondies ou ressemblant à de la cervelle. D'autres évoqueront assiette ou gobelet, massue ou entonnoir. La multiplicité des silhouettes possibles, d'abord source de confusion, se laisse classifier selon quelques types fondamentaux. Il y a donc d'un côté les champignons à chapeau, ci-dessus mentionnés, qui se divisent en espèces à tubes, à lamelles ou à nervures, ou encore à aiguillons. Outre les champignons à chapeau, on a les champignons ventrus (gastéromycètes), les clavaires et les pézizes, ainsi que les morilles et les gyromitres.

La **couleur** du chapeau est aussi un élément d'identification important. Toutefois, elle peut varier plus ou moins pour une seule et même espèce :
un champignon humide paraîtra plus foncé. Cela peut se produire également avec les jeunes individus ou pour des espèces qui poussent à l'ombre. Une forte sécheresse, trop de soleil ou un vieillissement avancé font également pâlir le chapeau de nombreuses espèces.

Regarder de plus près

Mais la forme extérieure et la couleur du champignon ne suffisent absolument pas pour l'identifier avec certitude. D'autres caractéristiques du chapeau et du pied sont décisives, dont :

- l'aspect et la constitution de la face supérieure du chapeau et de sa face inférieure ;
- la forme du pied et l'aspect de sa surface ;
- les détails du pied comme le bulbe, la volve, l'anneau ou l'armille ;
- les caractéristiques de la chair (à la coupe).

La description de ces éléments caractéristiques dans les guides mycologiques implique l'emploi de termes précis, clairs et faciles à comprendre. Vous allez trouver dans

Examinez bien le dessous du chapeau avant de mettre le champignon dans votre panier.

les pages suivantes les notions nécessaires pour comprendre les descriptions.
Les caractéristiques des **lamelles** sont souvent un élément décisif pour l'identification. On observe alors leur couleur, qui varie fréquemment selon l'âge, leur écartement, leur épaisseur et la forme de leur attache sur le pied. À l'instar des lamelles, les **tubes** seront observés et décrits de plus près.

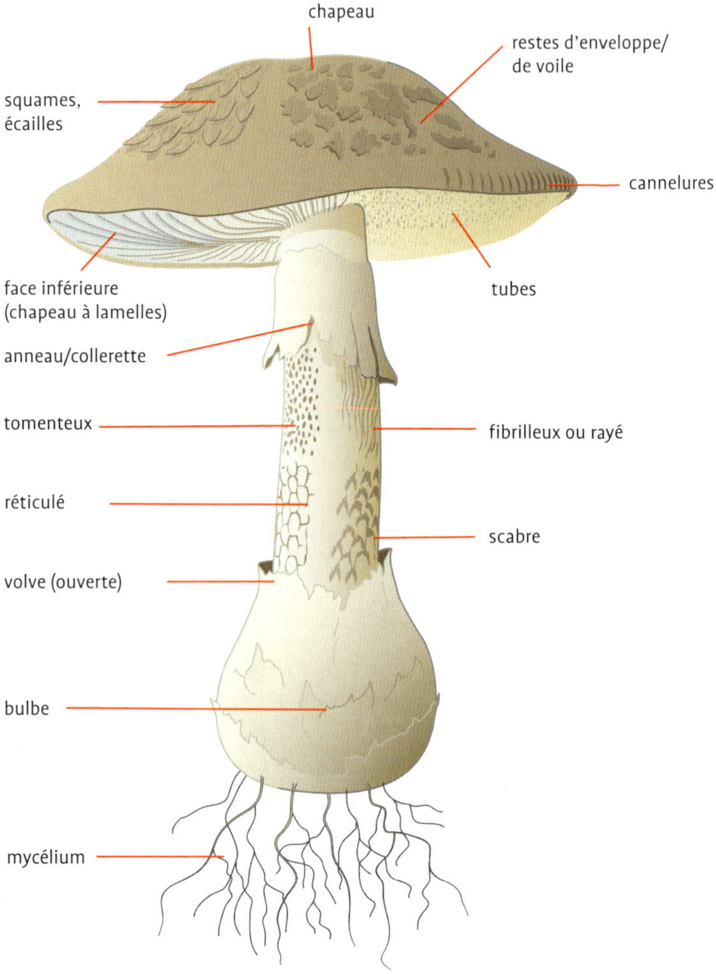

La forme (anguleuse ou ronde) et la taille (étroite ou large) ainsi que la couleur des pores (orifices des tubes) seront observées, de même que leur changement de coloration sous la pression du doigt. Certains champignons ont, par exemple, des pores bleuissants — c'est-à-dire qu'ils se teintent de bleu lorsqu'on appuie dessus avec le doigt.

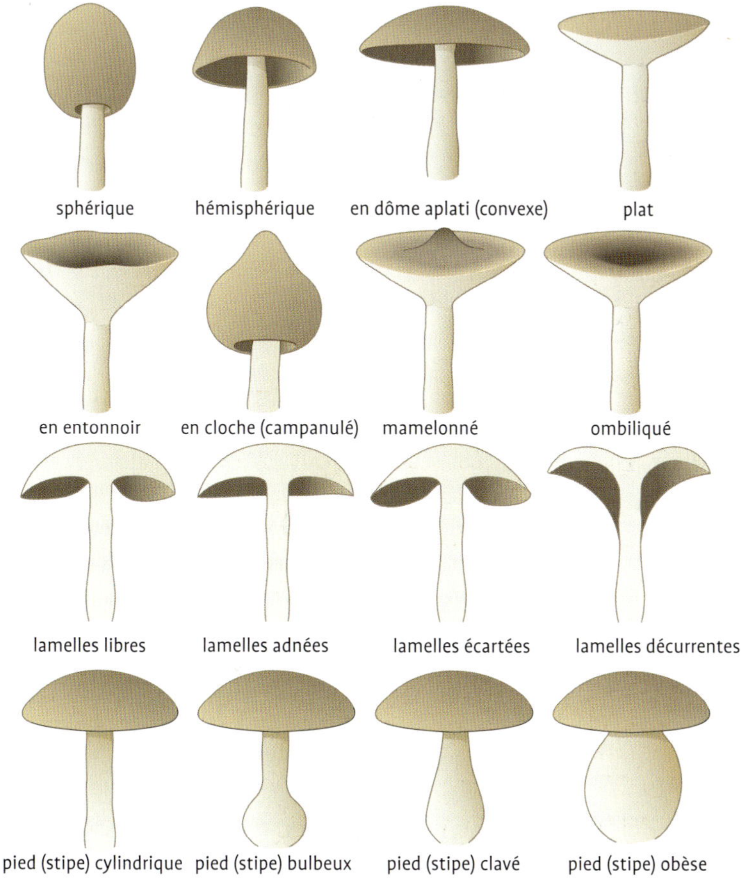

Toutes les caractéristiques ont leur importance : l'amanite phalloïde sent bon, mais elle est mortellement vénéneuse.

Le **pied** (ou stipe) peut prendre plusieurs formes : élancé, fusiforme, épais, ventru, obèse, bulbeux, renflé, clavé ou doté d'une volve ouverte et persistante. Il peut être lisse ou fibrilleux, et pourvu ou non d'un anneau.
L'identification des champignons met en jeu leur aspect et leur contact, mais aussi leur odeur.
Ils peuvent avoir ainsi des parfums si différents que leur liste pourrait paraître presque infinie : odeur de radis, d'ail, d'anis, de fruits, de farine fraîche, d'amande amère, d'iode, de poisson, de charogne, de cuir ou de bois de cèdre – pour ne donner que quelques exemples.
Les champignons présentent aussi une très grande variété de saveurs. Cela ne vaut pas simplement pour les champignons cuisinés, mais aussi pour les champignons crus. Ce critère intervient donc également dans l'identification. On n'oubliera pas ici le principe de précaution élémentaire : on peut goûter chaque champignon, mais il faudra après le recracher, jusqu'au plus petit morceau ! La méthode la plus sûre est peut-être de passer légèrement la langue sur le champignon, sans jamais le prendre en bouche. Prenez bien garde aussi de ne jamais faire cette expérience en présence d'enfants : cela pourrait entraîner des catastrophes.
Les champignons peuvent avoir un goût amer, épicé, désagréable voire repoussant. Mais ce serait une dangereuse erreur de penser que ceux qui ont un goût agréable

sont obligatoirement comestibles. L'amanite phalloïde, très vénéneuse, offre par exemple un très agréable goût de noix !
Encore un élément à observer et tout sera dit : l'habitat. Chaque espèce de champignon a ses exigences environnementales, de sorte que son biotope — sous un arbre déterminé, dans un pré, sur le bois, etc. — peut être un élément à prendre en compte dans son identification.

Le bon comportement

Pour éviter tout empoisonnement par les champignons, il est important non seulement de ne ramasser que des espèces comestibles, mais aussi de les traiter correctement. Ayez toujours à l'esprit que les champignons — comme le poisson ou la viande — se gâtent facilement et sont des aliments de digestion difficile. Vous ne risquez pas alors de commettre des erreurs. Veillez aussi à ne pas ramasser des champignons trop vieux, à les conserver dans un endroit frais et aéré et à les traiter aussitôt que possible. Les champignons étant lourds à digérer, vous veillerez également à ne pas en manger trop souvent, et en quantité raisonnable. Songez enfin que certaines personnes peuvent être allergiques à certaines espèces de champignons et que d'autres ne les supportent pas du tout.

Vous aurez toute garantie...

... en allant consulter un mycologue patenté au retour de votre ramassage. Il existe peut-être non loin de chez vous une association ou un club mycologique où l'on saura vous aider à identifier les produits de votre cueillette (voir page 124). Vous constaterez d'ailleurs vous-même que votre propre jugement deviendra de plus en plus sûr au fil du temps.

Bien cueillir les champignons

Vous avez maintenant identifié votre champignon avec certitude comme comestible. Vous voulez à présent passer à la récolte et tout faire correctement – puisque vous aimez la nature autant que votre propre santé. Quelques réflexions préalables et vous pourrez y aller.

Le bon matériel

On a déjà vu plus haut que vous avez besoin d'un récipient approprié pour votre ramassage. Rappelons que le panier doit être perméable à l'air, afin que les champignons ne se gâtent pas prématurément. Vous n'oublierez pas non plus un couteau de poche.

Quel champignon dans le panier ?

- Ne ramassez par principe que les champignons clairement identifiés comme comestibles. Laissez de côté tous les autres. En aucun cas, toutefois, vous ne maltraiterez ou détruirez les espèces jugées inutilisables : elles sont aussi importantes que les espèces comestibles pour notre environnement. Ce pourrait être, de surcroît, une des espèces protégées qu'il faut de toute façon épargner – même si certaines sont comestibles.
- Ne ramassez aucun champignon déjà coupé ou arraché. Vous ne savez pas depuis combien de temps il est là ni ce qui lui est arrivé.
- Ne cueillez que des champignons d'âge moyen, qui correspondent aux descriptions du guide. Le danger de confusion est trop grand avec les tout jeunes individus, mais attention aussi aux vieux champignons : ils risquent d'être déjà gâtés.
- Pour la même raison, ne ramassez pas de champignons trop entamés par les vers ou les escargots.

Couper le pied, rechercher les vers, nettoyer rapidement et hop ! dans le panier.

Comment cueillir ?

1. Arrachez avec soin les espèces du sol ou bien coupez les champignons clairement identifiés (si les pieds sont utilisables), et recouvrez l'endroit d'un peu d'humus. Vous pouvez cueillir sans le pied les espèces qui poussent sur du bois, vif ou mort, car il est souvent coriace.
2. Vérifiez sur place la présence de vers : vous couperez les plus grands champignons dans le sens de la longueur ; si l'individu n'est que partiellement attaqué par des vers, taillez généreusement.
3. Nettoyez aussitôt les champignons cueillis avant de les mettre dans le panier. Lamelles ou tubes ne seront pas souillés – et ce sera toujours autant de moins à faire à la maison. Ôtez la terre et les débris de feuilles ou de brindilles et nettoyez à fond la surface collante ou gluante des chapeaux. Le reste du travail se fera à la maison (voir page 104).
4. Posez toujours les champignons les plus lourds au fond du panier. Les espèces délicates ou fragiles ne seront alors pas blessées par la pression. La face qui porte les lamelles ou les tubes sera tournée vers le bas, afin d'éviter autant que possible les salissures.

Le *who's who* des meilleurs

Le cèpe

Cèpe d'été - *Boletus aestivalis*

Saison : D'août à octobre, mais on peut le déjà trouver en mai ou en juin.

Habitat favori : Forêts de conifères ou de feuillus, de préférence sous les hêtres et les chênes.

Caractéristiques : **Chapeau** jusqu'à 25 cm de largeur, convexe, brun clair à brun foncé, délicatement soyeux. **Pied** de 8-15 cm de hauteur et de 3-8 cm d'épaisseur, le plus souvent clavé à obèse, brunâtre pâle et finement à grossièrement réticulé de blanc. **Tubes et pores** blanchâtres (jeunes) puis jaunâtres et vert olive (vieux). **Chair** blanche, ferme et élastique dans la jeunesse ; ne change pas de couleur à la coupure. **Goût** aux arômes de noix.

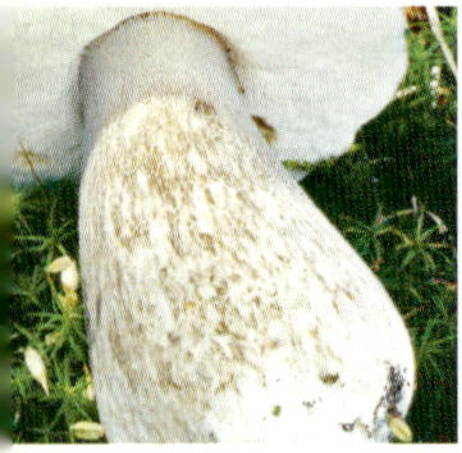

Pied à réticule blanc

Utilisation : Excellent dans toutes les variations culinaires. Peut se consommer cru (voir page 117).

On peut le confondre avec...

Bolet chicotin

Le **cèpe de Bordeaux** (*Boletus edulis*), au chapeau lisse à légèrement lubrifié et au pied blanc, vient aussi sous les épicéas. Le **bolet bronzé**, ou **tête-de-nègre** (*Boletus aereus*), au chapeau brun noirâtre et au pied franchement brun, pousse près des chênes. Ils sont de qualité culinaire comparable. On confond souvent les cèpes avec le **bolet chicotin**, encore appelé **bolet amer** (*Tylopilus felleus*). Ce dernier a un chapeau mat, brun olivâtre, des tubes et des pores blanchâtres dans sa jeunesse, tournant ensuite au rose sale, et un pied fortement réticulé de brun olive. Son goût est très amer, d'où son nom, car un seul sujet peut ruiner tout un plat de champignons.

Remarque

Par bonheur, les cèpes sont assez casaniers et poussent toujours dans les mêmes parages — une propriété que les ramasseurs de champignons apprécient au plus haut point. Si vous êtes tombé sur un de ces endroits, repérez-le avec soin et visitez-le régulièrement.

Le bolet à pied rouge

Boletus erythropus

Saison : De juin à octobre, mais on peut déjà le trouver en mai.

Habitat favori : De préférence dans les forêts de conifères (épicéas ou sapins), mais aussi sous les chênes et les châtaigniers, toujours sur sol acide.

Caractéristiques : **Chapeau** de 10-20 cm, lourd, brun sombre à brun-noir et délicatement soyeux, sec. **Pied** de 8-14 cm, clavé, jaune rougeâtre avec de très fines squames rouges (à regarder à la loupe !). **Tubes** jaunes à **pores** rouges, bleuissant au toucher. **Chair** jaune, ferme et épaisse, bleuissant rapidement à la coupure (cette teinte disparaît à la cuisson). **Goût** suave.

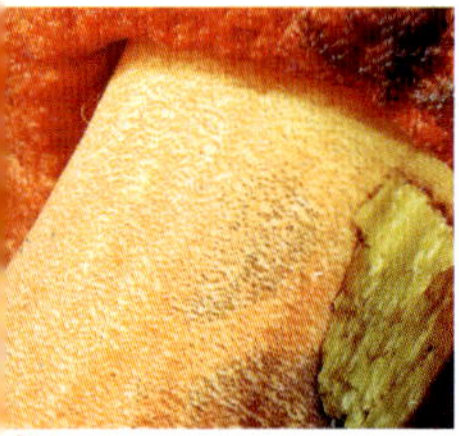

Pied à mouchetures rouges

Utilisation : Délicieux dans tous les plats de champignons. Se sèche aussi très bien.

Bolet Satan

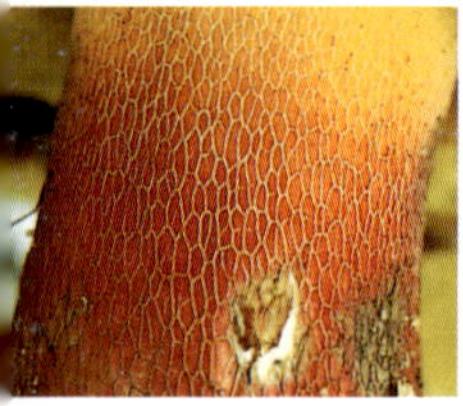

Bolet à beau pied

On peut le confondre avec...

Le **bolet blafard** (*Boletus luridus*), qui préfère les forêts de feuillus à sol calcaire et possède un pied réticulé de rouge. Il est également comestible, mais des risques de confusion existent alors avec le **bolet rose-pourpre** (*Boletus rhodopurpureus*), très massif et au chapeau marbré de rose vineux, ainsi qu'avec le **bolet Satan** (*Boletus satanas*), dont le chapeau est blanc-gris et la chair d'odeur désagréable, tous deux fortement indigestes. On écartera aussi le **bolet à beau pied** (*Boletus calopus*), dont les pores sont toujours jaunes et dont le pied à fond rouge saturé est recouvert d'un réticule blanc bien marqué.

Remarque

Le bolet à pied rouge a des pores d'un rouge éclatant et une chair qui bleuit de façon inquiétante. Tout cela n'est pas très engageant (les Allemands l'appellent « bolet des sorcières »), bien que ce champignon soit excellent et que la couleur bleue de sa chair disparaisse à la cuisson !

Le bolet bai *Xerocomus badius*

Saison : De juillet jusqu'aux premiers froids de la fin de l'automne.

Habitat favori : Forêts de conifères, surtout d'épicéas sur sol moussu, ou dans les pinèdes âgées, mais aussi sous les chênes ou les châtaigniers.

Caractéristiques : **Chapeau** jusqu'à 12 cm de largeur, assez épais, châtain, tomenteux chez les jeunes, puis glabre et souvent un peu lubrifié. **Pied** de 6-10 cm de hauteur et jusqu'à 2 cm d'épaisseur, finement strié. **Tubes** jaune clair, puis vert-jaune. **Pores** de même couleur, fins chez les jeunes, puis moyens, se tachant de bleu sous la pression des doigts. **Chair** jaune pâle, ferme chez les jeunes, bleuissant rapidement à la coupure, mais pas très fortement.

Tubes bleuissants

Utilisation : D'une finesse comparable à celle du cèpe et d'une grande souplesse d'emploi. À ne pas manger cru, toutefois.

On peut le confondre avec...

Bolet chicotin

Le bolet bai peut être confondu avec de nombreuses autres espèces de bolets. Cela n'est pas grave pour les cèpes ou pour le bolet à chair jaune (voir page 48), mais cela risque d'être désagréable pour le **bolet chicotin** (voir page 42), dont le pied est réticulé de brun olive et dont le goût est nettement amer. En raison de sa capacité à fixer la radioactivité, on consommera le bolet bai avec beaucoup de modération.

Remarque

Le bolet bai peut se présenter en colonies : les paniers se remplissent alors en peu de temps ! Prudence toutefois : ces champignons ont la particularité de fixer les substances radioactives. On se gardera donc d'en consommer un plat toutes les semaines : mieux vaut les mettre au congélateur, pour les mélanger de temps en temps à d'autres champignons.

Le bolet à chair jaune *Xerocomus chrysenteron*

Saison : De juin à novembre.

Habitat favori : Forêts de conifères et de feuillus.

Caractéristiques : **Chapeau** jusqu'à 10 cm de largeur, hémisphérique chez les jeunes, puis s'aplatissant ensuite ; surface mate et sèche, puis un peu ridée-réticulée, brun jaunâtre ou brun verdâtre. **Pied** jusqu'à 8 cm de hauteur, cylindrique et souvent tordu, un peu rugueux ; le sommet du pied est jaune, le bas un peu renflé et rouge foncé. **Tubes** et **pores** jaunes, puis jaune verdâtre, bleuissant légèrement à la pression. **Chair** jaune clair, rougeâtre sous la cuticule du chapeau (visible lorsque celle-ci se crevasse, ce qui arrive souvent).
Saveur légèrement acidulée.

Crevasses rougeâtres

Utilisation : Délicieux surtout dans les garnitures mélangées et dans les soupes. Les sujets âgés sont plutôt spongieux et se gâtent vite. Le mieux est de ne pas les cueillir ou, le cas échéant, de les préparer le jour même. Les sujets jeunes sont plus fermes : on peut aussi les sécher ou les congeler.

Bolet subtomenteux

On peut le confondre avec...

Le bolet à chair jaune est facilement confondu avec le **bolet subtomenteux** (voir page 50), qui possède des caractéristiques comparables et pousse à la même saison ; mais la confusion serait sans conséquence.

Remarque

Le bolet à chair jaune est facile à identifier et se présente souvent en masse, ce qui fait le bonheur des ramasseurs de champignons. Ces derniers devront toutefois vérifier, pour chaque sujet, qu'il n'abrite pas d'intrus — car la chair prend alors le goût de cet hôte indésirable.

Le bolet subtomenteux

Xerocomus subtomentosus

Saison : De juin à octobre.

Habitat favori : En forêt, sous les conifères comme sous les feuillus.

Pied et pores jaunes

Caractéristiques : **Chapeau** de 5-10 cm de largeur, brun jaunâtre ou brun olive, surface mate et finement tomenteuse. **Pied** jusqu'à 10 cm de hauteur, le bas plus épais que le haut, jaunâtre avec de petites squames brun rouge qui peuvent former comme des lignes. **Tubes** et **pores** d'abord jaune vif, puis verdâtres et bleuissant légèrement à la pression ; pores irréguliers. **Chair** très molle chez les sujets âgés. **Goût** suave.

Utilisation : À déguster dans des mélanges, mais on ne devra l'employer que dans sa jeunesse. Il convient aussi de le préparer rapidement, car il se gâte très vite à la chaleur.

On peut le confondre avec...

Bolet à chair jaune

Le bolet subtomenteux peut prendre des aspects très variables, mais les risques de confusion avec des espèces vénéneuses sont à peu près nuls. On peut le confondre avec le **bolet bai** (voir page 46), mais ce dernier est de couleur plus foncée, possède une chair plus ferme et n'a pas le revêtement du chapeau tomenteux, si typique. Au premier regard, le bolet subtomenteux se distingue peu du **bolet à chair jaune**, lui aussi comestible (page 48).

Remarque

Le bolet subtomenteux pousse avant tout dans les forêts. Mais il arrive qu'on en rencontre aussi dans les parcs et les jardins. Donc, lors de votre prochaine promenade urbaine en été ou en automne, gardez les yeux bien ouverts.

Le bolet tacheté *Suillus variegatus*

Saison : De juin à novembre.

Habitat favori : Sous les pins, sur sol sableux et marécageux, volontiers dans les landes.

Caractéristiques : **Chapeau** de 6-12 cm de largeur, en dôme aplati, de couleur sable à croûte de pain, tomenteux, humide et un peu lubrifié ; revêtement difficile à enlever. **Pied** de 5-8 cm de hauteur, de couleur ocre, lisse. **Tubes** gris brunâtre chez les sujets jeunes, puis brun verdâtre. **Pores** fins chez les sujets jeunes, jaunâtres puis vert olive. **Chair** assez molle, jaunâtre, bleuissant légèrement à la coupure. **Goût** et parfum acidulés.

Pied lisse

Utilisation : Saveur assez faible, ce qui le destine avant tout aux garnitures mélangées. On peut le faire sécher ou le congeler quand il est jeune. Préparé ensuite avec l'eau de détrempage, son parfum s'en trouvera renforcé.

On peut le confondre avec…

Si on l'a confondu avec le **bolet des bœufs**, ou **bolet des bouviers** (*Suillus bovinus*), on pourra encore s'en apercevoir lors de la cuisson, car ce dernier prend alors une teinte rose-violet et devient glaireux ; mais c'est sans danger, car ce bolet est aussi comestible quoique de qualité inférieure. D'ailleurs, il n'existe pas de danger de confusion du bolet tacheté avec une quelconque espèce vénéneuse, ce qui le rend très apprécié des ramasseurs de champignons débutants.

Bolet des bœufs

Remarque

Comme le bolet tacheté se rencontre souvent en groupes, on peut facilement en remplir son panier. Il est très indiqué pour les mélanges. Si l'on voyage en été ou en automne dans le nord de l'Europe (où les marécages et les pinèdes ne sont pas rares), il conviendra de garder les yeux bien ouverts !

Le bolet élégant

Bolet des mélèzes – *Suillus grevillei*

Saison : De juin à octobre.

Habitat favori : Sous les mélèzes, en lisière de forêt ou de chemin, ou bien dans les layons de montagne, dans la mousse.

Pied muni d'un anneau membraneux

Caractéristiques : **Chapeau** de 5-10 cm de largeur, brun orangé à jaune d'or, avec un revêtement visqueux facile à enlever, puis sec et brillant. **Pied** de 5-8 cm de hauteur, élancé, jaune d'or, avec un anneau blanchâtre et membraneux. **Tubes** et **pores** étroits et jaunes, puis brunâtres. Chair très molle, jaunâtre. **Goût** acidulé, odeur faiblement fruitée.

Utilisation : Approprié aux garnitures mélangées, avec des sujets jeunes et fermes. Les champignons plus âgés sont souvent très mous et spongieux.

On peut le confondre avec...

Bolet granulé

Le **bolet granulé** (*Suillus granulatus*) est assez semblable, mais n'a pas d'anneau membraneux et son pied montre vers son sommet des gouttelettes laiteuses qui prennent plus tard l'aspect de petits points brunâtres. Il ne pousse que sous les pins.
Le **bolet jaune**, ou **nonnette voilée** (*Suillus luteus*), lui aussi exclusif des pins, est très proche du bolet granulé mais possède un anneau. Ils sont aussi comestibles.

Veillez bien, lors du ramassage, à ce que les exemplaires ne soient pas entassés dans votre panier et évitez de mettre avec eux de la terre, des aiguilles ou autres débris forestiers : la viscosité des chapeaux agglomérerait tout à la manière d'un aimant. Si les champignons sont très sales, vous pouvez aussi ôter sur place leur revêtement.

Le bolet rude *Leccinum scabrum*

Saison : De juin à octobre.

Habitat favori : Près des bouleaux, dans des endroits plutôt secs.

Caractéristiques : **Chapeau** de 6-14 cm de largeur, brun foncé à brun-gris, le plus souvent lubrifié et poisseux avec l'âge. **Pied** de 10-15 cm de hauteur, ferme ou dur, élancé, avec de petites écailles foncées sur fond clair. **Tubes** et **pores** blanchâtres chez les jeunes, puis devenant gris, mous et spongieux, brunissant à la pression. **Chair** rapidement molle et spongieuse, pouvant montrer à la coupe quelques tons rosâtres ou bleu-vert. **Goût** suave.

Squamules foncées sur le pied

Utilisation : Approprié aux garnitures mélangées ou uniques, mais se consomme aussi en soupe ou bien grillé. La chair devenant rapidement molle et spongieuse, il est préférable de le consommer jeune. Les pieds sont un peu coriaces.

On peut le confondre avec...

Feuille de bouleau

Les confusions ne peuvent avoir lieu qu'avec des espèces apparentées, qui sont également comestibles. La plus commune de ces dernières est le **bolet du charme** (*Leccinum carpini*), très ressemblant, mais qui, comme son nom l'indique, vient sous les charmes. Ce sont principalement les différences de coloration du chapeau et de changement de couleur de la chair à la coupe qui permettent de distinguer ces différentes espèces.

Remarque

Les bouleaux se rencontrent fréquemment, tant sur des sols secs que marécageux, notamment dans les landes. Par ailleurs, on en plante régulièrement dans les jardins et dans les parcs, comme arbres d'ornement, si bien que l'on peut y rencontrer aussi les champignons qui leur sont associés.

Le bolet orangé *Leccinum aurantiacum*

Saison : De juillet à octobre.

Habitat favori : Près des peupliers trembles ; affectionne les endroits avec de la mousse, des fougères ou de l'herbe.

Caractéristiques : **Chapeau** de 8-15 cm de largeur, exceptionnellement jusqu'à 22 cm, charnu, rouge jaunâtre à rouge orangé, tirant parfois vers le brunâtre ; mat et sec, avec le revêtement un peu débordant et pendant. **Pied** de 10-20 cm de hauteur, ferme et vigoureux, blanc, scabre, avec de petites squames brun rougeâtre. **Tubes** gris ou blanchâtres ; **pores** fins et de même couleur. **Chair** ferme et blanchâtre, virant lentement au rosâtre avant de grisonner ; elle devient plus sombre à la cuisson. **Goût** très doux.

Squamules rougeâtres sur le pied

Utilisation : Excellent dans tous les plats de champignons imaginables. La chair restant ferme, même chez les sujets âgés, on peut facilement couper le champignon en fines tranches et les mettre à sécher. Il faudra toutefois prendre la précaution d'enlever les tubes des sujets âgés.

On peut le confondre avec…

Si l'on tient bien compte de l'habitat et de l'association entre la couleur du chapeau et les squames du pied, il n'y a guère de confusions possibles. Il existe d'autres espèces très proches, également comestibles, comme le **bolet des chênes** (*Leccinum quercinum*), très semblable en plus robuste et plus foncé, et qui pousse sous les chênes de préférence.

Feuille de tremble

Remarque

Le bolet orangé se présente volontiers en troupes, de sorte que celui qui en découvre un exemplaire peut s'attendre à en débusquer tout un groupe aux alentours immédiats, et donc ne mourra certainement pas de faim le soir. Ce champignon, d'emploi polyvalent, est très apprécié des amateurs.

Le pleurote en huître *Pleurotus ostreatus*

Saison : De novembre à mars.

Habitat favori : Sur les troncs ou les branches de feuillus, vivants ou morts ; plus rarement sur des épicéas.

Caractéristiques : **Chapeau** de 5-20 cm de largeur, de blanc-beige à brun-bleu noirâtre en passant par le gris lilas ou le gris d'acier ; lisse et brillant, plus rarement sec et fibreux. **Pied** de 4 cm maximum, blanc, parfois totalement absent ; il n'est pas implanté au milieu du chapeau, mais sur le côté. **Lamelles** blanches à crème, décurrentes sur le pied. **Chair** épaisse, ferme et blanche. **Goût** suave, parfum très agréable chez les sujets jeunes ; odeur de poisson en vieillissant.

Lamelles décurrentes

Utilisation : Délicieux sous diverses formes. Ce champignon est d'un emploi très polyvalent.

On peut le confondre avec…

Pleurote tardif

D'autres pleurotes lui ressemblent, mais ils sont également comestibles, comme le **pleurote corne-d'abondance** (*Pleurotus cornucopiae*), plus pâle et avec un pied plus long, qui vient dès le mois de juin sur les troncs morts de feuillus. Seul le **pleurote tardif** (*Panellus serotinus*) a une saveur amère : on le reconnaît à son pied jaune et squameux.

Remarque

Le pleurote en huître ne commence à se sentir vraiment bien que lorsque le temps devient froid et maussade ; il se met alors à pousser. Il ne sera donc pas rare de le trouver sur des arbres ou des souches couvertes de neige. Emmitouflez-vous bien pour votre prochaine promenade hivernale et n'hésitez pas à lever le nez !

La girolle

Chanterelle – *Cantharellus cibarius*

Saison : De juin à octobre.

Habitat favori : Dans les forêts, spécialement les pinèdes d'exploitation forestière, mais aussi sous les feuillus, dans la mousse ou près des myrtilles.

Caractéristiques : **Chapeau** jusqu'à 6 cm de largeur, hémisphérique (jeunes), puis en forme d'entonnoir à bord ondulé, lisse et sec, jaune d'or à jaune d'œuf.
Pied de même couleur, de 1-6 cm de hauteur, évasé de bas en haut. Le dessous du chapeau porte des nervures ou des plis charnus ressemblant à des lamelles et descendant très bas sur le pied. **Chair** jaune pâle et ferme.
Goût légèrement poivré et odeur de mirabelle ou d'abricot.

Plis ou nervures descendant longuement sur le pied

Utilisation : Exquise dans toutes les formes de préparation, pour accompagner le gibier par exemple ou en plat unique. Les girolles peuvent se garder crues dans le réfrigérateur pendant quelques jours. En revanche, elles deviennent amères si on les met à sécher : on évitera donc de le faire.

On peut la confondre avec…

Fausse-girolle

La **fausse-girolle** (*Hygrophoropsis aurantiaca*), dotée de lamelles fourchues et plus serrées, dont la chair est plus molle et qui vient dans les bois de pins, est également comestible. En revanche, le **pleurote** (ou **clitocybe**) **de l'olivier** (*Omphalotus olearius*), ☠ qui possède aussi de vraies lamelles et pousse en touffes sur les troncs ou les souches est très toxique.

Remarque

On vend des girolles sur les marchés, mais il est assez facile d'en ramasser soi-même — avec un peu de chance. On prendra garde toutefois de ne pas cueillir des sujets trop jeunes. Si délicieux que soit ce champignon, on en aura davantage si on le laisse un peu grandir...

La chanterelle en trompette

Cantharellus tubaeformis

Saison : D'août à octobre et parfois jusqu'en novembre et décembre.

Habitat favori : Avant tout dans les forêts de conifères humides, dans les régions de collines et de montagnes, mais aussi dans les forêts de feuillus.

Caractéristiques : **Chapeau** jusqu'à 6 cm de largeur, en dôme (jeunes), puis en forme d'entonnoir, jaune grisâtre ou jaune brunâtre. **Pied** de 1-8 cm de hauteur, le plus souvent jaune vif, irrégulièrement cylindrique. Face inférieure à nervures fourchues, gris jaunâtre à orange, plus écartées que sur la girolle et descendant très bas sur le pied. **Chair** blanchâtre ou jaune grisâtre, virant au gris avec l'âge, cassante sur les bords. **Goût** suave et odeur faible.

Dessous du chapeau à nervures grossières

Utilisation : Appropriée aux mélanges comme aux plats uniques. Contrairement à la girolle, la chanterelle en trompette se sèche très bien.

On peut la confondre avec...

Chanterelle jaunissante

La chanterelle en trompette ne présente pas de risque de confusion avec une espèce toxique. La **chanterelle jaunissante** (*Cantharellus lutescens*), également comestible, est assez semblable par ses nervures ressemblant à des lamelles, mais dégage une odeur fruitée d'abricots. On ne la trouve chez nous que dans les forêts de conifères des montagnes.

Remarque

La chanterelle en trompette est rarement solitaire. Certaines années, elle pousse massivement, en véritables touffes ou buissons par endroits. Vous pourrez donc sélectionner les plus beaux et les plus grands sujets pour votre repas du soir.

La trompette-des-morts

Craterellus cornucopioides

Saison : D'août à novembre.

Habitat favori : Forêts de feuillus, sous les hêtres, les chênes et les charmes.

Caractéristiques : Pas de distinction entre le **pied** et le **chapeau**. Carpophore de 6-12 cm de hauteur, évasé en long entonnoir avec une ouverture en pavillon de trompette à bords flexueux, brun-gris à brun noirâtre, avec l'intérieur finement squamuleux et l'extérieur délicatement ridé. **Chair** très mince, tendre (jeune) puis dure en vieillissant. **Goût** suave et odeur légèrement épicée.

Utilisation : Excellente dans les soupes ou les garnitures, à servir seule ou mélangée à d'autres espèces. La couleur n'est pas très engageante de prime abord, mais elle peut créer un contraste intéressant dans un plat de pâtes à la sauce tomate et au basilic, par exemple.

On peut la confondre avec...

Chanterelle cendrée

La **chanterelle cendrée** (*Cantharellus cinereus*) lui ressemble par sa couleur, mais elle montre des nervures ou des plis comme chez la chanterelle en trompette ; elle est aussi comestible. La **chanterelle sinueuse** (*Pseudocraterellus undulatus*) est plus claire, plus petite et plus charnue, mais elle est rare et doit donc être épargnée.

Il ne faut pas être rebuté par les petits insectes et autres bestioles que l'on trouve cachés au creux des trompettes-des-morts. Débarrassez-vous-en de préférence en forêt, en ouvrant de haut en bas chaque exemplaire de votre récolte.

Le pied-de-mouton

Hydne sinué – *Hydnum repandum*

Saison : De juillet à novembre.

Habitat favori : Forêts de feuillus et de conifères, souvent en groupes ou en ronds de sorcière.

Caractéristiques : **Chapeau** jusqu'à 12 cm de largeur, de forme irrégulière ; bords d'abord enroulés, puis aplatis et parfois relevés en entonnoir ; jaune blanchâtre à ocre ou orangé rougeâtre. Pied plutôt court, de 3-6 cm de hauteur, le plus souvent plus pâle, avec des taches légèrement brunâtres. Face inférieure couverte d'aiguillons ou de poils raides, décurrents, jaunâtres ou blanchâtres, de longueur inégale, fragiles et densément serrés. **Chair** blanchâtre ou blanc jaunâtre, plutôt cassante. **Goût** suave, tout en étant piquant avec une pointe d'amertume ; bonne odeur de champignon.

Utilisation : Excellent quand il est jeune. D'emplois très variés et de chair très ferme, il se prête admirablement aussi à la conservation.

Jeune spécimen de pied-de-mouton

On peut le confondre avec...

Les possibilités de confusion n'existent qu'avec des espèces comestibles et ne présentent donc aucun risque pour le ramasseur. On évitera toutefois les sujets trop âgés dont la saveur est amère, notamment chez la variété **rousse** du **pied-de-mouton** (*H. repandum* var. *rufescens*), et qui sont indigestes.

Lorsqu'on tombe sur de jeunes exemplaires dont seule émerge la tête jaune, on peut penser avoir découvert de jeunes girolles. De près, un regard sous le chapeau révélera leur véritable identité.

L'hydne imbriqué *Sarcodon imbricatus*

Saison : D'août à novembre.

Habitat favori : Près des conifères, surtout en montagne, très souvent en ronds de sorcière.

Caractéristiques : **Chapeau** jusqu'à 20 cm de largeur, brunâtre à brun foncé, étalé à plat et souvent déprimé au milieu, avec des écailles épaisses, brun clair à brun foncé, disposées concentriquement. **Pied** grisâtre ou brunâtre, épais et court, massif et compact. **Aiguillons** de la face inférieure d'abord blanchâtres, puis gris brunâtre, très serrés et cassants. **Chair** ferme, blanchâtre puis gris brunâtre. **Goût** prononcé et odeur agréablement pimentée.

Dessous du chapeau couvert d'aiguillons

Utilisation : En raison de sa saveur pimentée, surtout chez les jeunes sujets, ce champignon fournit un agréable condiment, à usages multiples, une fois séché et réduit en poudre. Comme chez le pied-de-mouton, les sujets trop âgés sont amers.

On peut le confondre avec...

Attention à ne pas le confondre avec le très semblable *Sarcodon scabrosus*, non comestible à cause de sa saveur très amère. Le meilleur critère pour distinguer ce dernier de l'hydne imbriqué, outre son goût désagréable, est la coloration vert-bleu de sa chair à la base du pied. Il pousse en outre dans les forêts de feuillus.

Remarque

Si l'on aime la cuisine un peu épicée, on pourra utiliser à cet effet une poudre préparée avec de vieux hydnes imbriqués. Pour que cela reste supportable, on dosera toutefois avec prudence et de préférence individuellement.

Le laccaire améthyste

Laccaria laccata var. *amethystea*

Saison : De juillet à novembre.

Habitat favori : Dans la mousse des bois de feuillus ou de conifères.

Caractéristiques : **Chapeau** de 2-5 cm de largeur, hémisphérique, puis irrégulièrement bombé et flexueux ou légèrement en entonnoir, d'abord violet vif puis violet pâlissant ; surface humide et presque lisse, puis sèche et tomenteuse ou squameuse. **Pied** de 3-9 cm de longueur, élancé, de même couleur que le chapeau, avec de longues stries blanchâtres, se creusant avec l'âge. **Lamelles** assez grossières, très écartées entre elles, violettes, puis pâlissant avec l'âge. **Chair** lilas clair, mince, filandreuse. **Goût** et odeur discrets.

Lamelles violettes

Utilisation : Bon en plats composés comme en conserve, mais sans être riche. Plus séduisante que le goût, la couleur éclatante donne du relief aux plats.

On peut le confondre avec...

Mycène pur

Une confusion dangereuse est possible avec le **mycène pur** (*Mycena pura*), qui est toxique ; on le reconnaîtra à son odeur de radis ou de raifort et à ses lames plus minces et plus serrées, jamais d'un violet aussi franc.
En revanche, le **laccaire laqué** (*Laccaria laccata* var. *laccata*), en tous points semblable au laccaire améthyste mais de couleur brun orangé, est également comestible.

Remarque

Conservé dans du vinaigre, il agrémentera les salades ou servira de garniture. Il suffira alors de quelques exemplaires de ce joli champignon à la silhouette élancée.
La recette est en page 109.

Le pied-bleu *Lepista nuda*

Saison : D'août à décembre.

Habitat favori : Forêts, jardins et parcs, sur des terrains riches en humus. Pousse souvent en rang ou en cercle.

Caractéristiques : **Chapeau** de 6-12 cm de largeur, d'abord bleu-violet, puis brun-violet en vieillissant, souvent même décoloré, glabre et lisse. **Pied** de 5-10 cm de longueur, un peu plus clair que le chapeau. **Lamelles** violacées, virant ensuite au brunâtre, assez serrées entre elles. **Chair** violette, pâlissant avec le temps. **Goût** aromatique, odeur parfumée.

Chair violacée

Utilisation : Excellent quand on le fait sauter au beurre avec du lard, des oignons, du sel et du poivre. Dans les mélanges, son goût domine les autres espèces de champignons. Il se laisse bien congeler.

On peut le confondre avec...

Le **cortinaire à odeur de bouc** (*Cortinarius traganus*), toxique, lui ressemble grossièrement, mais son chapeau est réuni au pied par un voile filamenteux chez les jeunes individus. Sa chair est de couleur safranée et possède une odeur forte et désagréable. D'autres cortinaires peuvent être pris pour le pied-bleu, mais on évitera la confusion si l'on prend garde à la couleur rousse que prennent les lamelles de ces derniers lorsqu'ils atteignent l'âge adulte, due au mûrissement des spores.

Cortinaire à odeur de bouc

Remarque

Le pied-bleu pousse tard dans l'année ; on peut même encore en trouver après les premiers frimas. On évitera toutefois de ramasser les champignons gelés, car on pourrait tomber sur des sujets trop âgés.

Le mousseron de printemps

Tricholome de la Saint-Georges – *Calocybe gambosa*

Saison : De la mi-avril à fin mai.

Habitat favori : Forêts claires de feuillus, lisières, haies, prairies de montagne, mais aussi dans l'herbe des parcs.

Caractéristiques : **Chapeau** de 5-12 cm de largeur, blanc d'ivoire à ocre, souvent irrégulier, avec un bord légèrement enroulé ; revêtement sec. **Pied** de 4-8 cm de longueur, trapu en général, de même couleur que le chapeau. **Lamelles** blanchâtres ou crème, étroites et serrées. **Chair** blanchâtre. **Goût** et odeur de farine fraîche ou de concombre.

Lamelles jeunes et âgées

Utilisation : Adaptable à beaucoup d'emplois. La saveur farineuse s'adoucit un peu à la cuisson.

On peut le confondre avec...

Inocybe de Patouillard

Inocybe fibreux

L'inocybe de Patouillard ☠ (*Inocybe patouillardii*), très toxique, peut être confondu avec le mousseron de printemps, surtout quand il est jeune, et parce qu'il pousse au printemps, quoique plus tardivement. Il est couleur paille brunâtre, et surtout rougit avec l'âge et à la manipulation (lentement !) dans toutes ses parties ; de plus, ses lamelles deviennent brun olivâtre en vieillissant et son odeur est très différente. Le rare **inocybe fibreux** ☠ (*Inocybe fibrosa*), également toxique, lui ressemble aussi, mais il est automnal et n'existe guère chez nous qu'en montagne ; on le reconnaîtra à ses lamelles également brun olivâtre chez les adultes.

Le mousseron de printemps est l'un des tout premiers champignons comestibles de l'année, ce qui le fait très apprécier des mycophages, peu occupés à ce moment-là. Vous le trouverez individuellement, en groupes ou en ronds de sorcière plus ou moins grands.

Le marasme des oréades

Faux-mousseron, mousseron d'automne, nymphe des montagnes – *Marasmius oreades*

Saison : De mai à novembre.

Habitat favori : Prairies ou bords herbus des chemins.

Caractéristiques : **Chapeau** de 3-5 cm de largeur, hémisphérique dans la jeunesse, puis aplati et mamelonné ; orangé brunâtre, puis ocre pâle avec l'âge. **Pied** jusqu'à 8 cm de hauteur, très élancé, blanchâtre et finement tomenteux, dur comme du cartilage. **Lamelles** plus claires que le chapeau, relativement éloignées les unes des autres, charnues et arrondies, écartées. **Chair** blanchâtre. **Goût** épicé de noix, odeur de foin fraîchement coupé.

Lamelles pâles

Utilisation : Dans les sauces, les soupes et différentes préparations. Sa stature grêle ne le rend pas particulièrement séduisant, aussi beaucoup ne l'utilisent-ils que comme condiment. Il est très pratique de le faire sécher et de le réduire en poudre, ce qui permet d'en doser très précisément l'emploi.

On peut le confondre avec...

Nos prairies hébergent des espèces qui lui ressemblent et dont beaucoup sont très toxiques. Le **marasme des collines** ☠ (*Marasmius collinus*) n'a pas le pied aussi dur, ses lamelles sont plus minces et serrées et son odeur est différente ; il peut provoquer des troubles digestifs. Mais c'est surtout avec les petites **lépiotes** que le risque est grand : on les reconnaîtra à leur chapeau écailleux et à leurs lamelles serrées et libres.

Remarque

Les ronds de sorcière attirent toujours l'attention du mycophage, car il s'agit quelquefois d'un champignon comestible dont on pourrait alors récolter un plein panier en un tournemain. C'est le cas du marasme des oréades, qui pousse souvent de cette façon, en file ou en cercle.

La collybie à pied velouté

Flammulina velutipes

Saison : De novembre à mars.

Habitat favori : Sur le bois vivant ou mort, le plus souvent en colonies importantes.

Caractéristiques : **Chapeau** de 1-6 cm de largeur, bombé dans la jeunesse, puis un peu aplati et mince ; jaune orangé à brun orangé rouillé, lisse, humide et lubrifié ; les bords diaphanes sont striés. **Pied** brun et soyeux dans sa partie inférieure, jaunâtre dans sa partie supérieure. **Lamelles** blanchâtres à jaunâtres, légèrement espacées. **Chair** mince et élastique, puis durcissant avec l'âge. **Goût** suave et odeur faible.

Lamelles pâles

Utilisation : Dans des préparations diverses. On jettera le pied, qui est un peu coriace. On peut cultiver ce champignon dans son jardin.

On peut la confondre avec...

Hypholome en touffes

L'**hypholome en touffes** (*Hypholoma fasciculare*) et l'**hypholome couleur de brique** ☠ (*Hypholoma sublateritium*), toxiques ou immangeables, lui ressemblent ; on les distinguera par leurs lamelles gris olivâtre à jaune soufre ou verdâtres, serrées, et par leur saveur amère, surtout chez le premier.

Cette espèce réserve au ramasseur de champignons qui résiste à la neige quelques-unes de ses joies de cueilleur. Son insensibilité au gel en fait un des champignons favoris de la saison d'hiver. Attention toutefois : les vers l'apprécient aussi beaucoup !

La pholiote changeante

Agaric à soupe – *Pholiota mutabilis*

Saison : D'avril à octobre.

Habitat favori : Sur des souches pourrissantes, surtout de hêtres, de tilleuls et de bouleaux ; pousse le plus souvent en touffes.

Caractéristiques : **Chapeau** de 3-8 cm de largeur, mince, jaune ocre à brun cannelle, pâlissant quand il est sec à partir du milieu, très brillant quand il est humide. **Pied** de 5-8 cm de hauteur, mince, orné de squames brun foncé au-dessous d'un anneau sombre et délicat. **Lamelles** ocre livide dans la jeunesse, brunes avec l'âge, fines et très serrées. **Chair** de couleur crème, brun pâle dans le pied, molle. **Goût** suave et odeur insignifiante.

Pied avec un anneau foncé et des squamules

Utilisation : De saveur excellente, elle est particulièrement appréciée dans les soupes aux champignons et dans la cuisine extrême-orientale.

On peut la confondre avec...

Le risque de confusion le plus grave qui peut se produire est avec la **pholiote** (ou **galère**) **marginée** ☠ (*Galerina marginata*), qui est un champignon très vénéneux ; elle se distingue de la pholiote changeante principalement par son pied qui n'est pas écailleux, mais fibrilleux, et par son odeur et sa saveur de farine. Il faut veiller scrupuleusement à ce que toutes les caractéristiques ci-dessus mentionnées correspondent à celles de votre trouvaille. Un autre risque de confusion existe aussi, comme pour la collybie à pied velouté, avec les **hypholomes en touffes** et **couleur de brique** (voir p. 80), aux lamelles de couleur différente et à la saveur amère.

Galère marginée

Remarque

Comme la pholiote changeante est aussi appréciée et même cultivée dans les pays asiatiques, les conserves de champignons de ces pays en contiennent beaucoup. Mais vous pouvez vous préparer votre « fricassée de champignons à l'asiatique » avec les produits de votre propre récolte. Une bonne idée est de mélanger aux pholiotes quelques pleurotes en huître… (voir en page 60).

L'amanite vaginée

Amanita vaginata, *fulva*, etc.

Saison : De juin à octobre.

Habitat favori : Forêts de conifères et de feuillus.

Caractéristiques : **Chapeau** de 6-12 cm de largeur, mince, gris ou brun-rouge, mais aussi d'autres couleurs ; lisse, nettement cannelé sur les bords. **Pied** de 8-15 cm de hauteur, élancé, creux, lisse ou méchuleux, et doté à la base d'une grande volve membraneuse qui enveloppe le champignon dans sa jeunesse ; pas d'anneau.
Lamelles blanches, molles, serrées.
Chair blanche et tendre.
Goût légèrement douceâtre.

Pied sans anneau, mais avec une volve

Utilisation : Sa saveur de noix convient bien aux soupes et aux préparations mélangées. Il faut toujours bien la cuire afin d'éliminer complètement les principes nuisibles qui se trouvent dans le champignon cru.

On peut la confondre avec...

Ces champignons élancés et élégants existent sous de nombreuses variantes de couleur, du gris au jaune orangé et au brun rougeâtre. Notre description se limite aux variétés les plus courantes, de couleur rousse ou grise. Les autres variétés sont tout aussi comestibles. Mais vérifiez bien toujours la présence de la volve membraneuse et engainante et l'absence d'anneau : vous éviterez ainsi les risques de confusion avec les amanites vénéneuses.

Remarque

Ces champignons sont souvent très difficiles à identifier quand ils sont jeunes. Ne cueillez pas les amanites (que vous reconnaîtrez à leur volve) dans leur prime jeunesse : vous pourriez ne pas constater la présence d'un anneau et avoir affaire à des amanites toxiques.

L'amanite rougissante

Amanite vineuse, golmotte – *Amanita rubescens*

Saison : De juin à octobre.

Habitat favori : Forêts, mais aussi jardins et parcs arborés.

Caractéristiques : **Chapeau** de 6-12 cm en règle générale, rouge pâle à brun rougeâtre, avec des verrues plus claires (restes du voile général) qui manquent souvent après les pluies. **Pied** de 12-15 cm de hauteur, puissant, blanc rougeâtre, avec un anneau blanc et strié et un épais bulbe rougissant. **Lamelles** blanches, molles, serrées. **Chair** blanche, teintée de rouge sous le revêtement du chapeau et aux endroits froissés, molle et tendre. **Saveur** douce à douceâtre, légèrement irritante.

Pied muni d'un bulbe et d'un anneau

Utilisation : Avant tout dans les préparations mélangées. La chair étant très tendre, il faudra la cuisiner sans retard. Le revêtement, assez dur, est facile à enlever.

On peut la confondre avec...

Amanite panthère

L'**amanite panthère** (*Amanita pantherina*), très toxique, possède un chapeau brun à brun olivâtre ou bistre, avec des verrues blanc pur, et ne présente pas la moindre trace de rougissement. L'**amanite épaisse** (*Amanita spissa*), également non rougissante, aux verrues et à l'anneau plutôt grisâtres, a une odeur de radis ; bien que non vénéneuse, elle est de qualité plutôt médiocre.

Remarque

Ce champignon assez variable n'est pas très facile à identifier pour le débutant.
La teinte rougeâtre à rose que prennent la chair du chapeau, les lamelles et le pied, encore accentuée dans les mangeures des bêtes, en constitue le meilleur critère de reconnaissance.

Le rosé-des-prés

Psalliote champêtre, agaric des prés – *Agaricus campestris*

Saison : De juin à octobre, parfois déjà en mai. Souvent après un temps humide, une fois passées les semaines chaudes et sèches de l'été.

Habitat favori : Prairies et bord des chemins, mais aussi jardins et parcs.

Caractéristiques : **Chapeau** de 6-12 cm, assez épais, lisse à squameux (écailles appliquées sur la surface, dites apprimées). **Pied** court, de 4-6 cm de hauteur, puissant, aminci à la base, blanchâtre, avec un anneau étroit. **Lamelles** blanchâtres dans la jeunesse, mais assez vite rose chair, puis brun chocolat à violet noirâtre avec l'âge, serrées et molles. **Chair** blanche, faiblement teintée de rouge à la coupure, ferme. **Goût** agréablement épicé, odeur plaisante.

Lamelles jeunes et âgées

Utilisation : S'adapte à toutes les préparations et peut même être consommé cru. Peut aussi se sécher, mais en utilisant des sujets jeunes. Sa saveur épicée est supérieure à celle du champignon de Paris.

Amanite printanière

Agaric jaunissant

On peut le confondre avec...

L'**agaric jaunissant** (*Agaricus xanthoderma*), au pied bulbeux et non aminci à la base, à l'odeur assez désagréable d'iode (ou d'encre) et qui se macule de jaune de chrome au froissement ou à la coupure, surtout dans le bulbe, est pour le moins très indigeste. Les **amanites printanière** (*Amanita verna*) et **vireuse** (*A. virosa*), qui sont des espèces très toxiques au même titre que l'**amanite phalloïde**, ont les lamelles blanches jusqu'à la fin et une volve membraneuse à la base du pied ; elles sont plutôt forestières.

Remarque

Le rosé-des-prés apparaît fréquemment en grands ronds de sorcière dans les prairies. Un des signes avant-coureurs de cette promesse de récolte fructueuse peut prendre la forme d'un cercle d'herbe plus verte, signe de la présence souterraine d'un mycélium à cet endroit (mais il peut aussi s'agir d'une autre espèce !).

La coulemelle

Lépiote élevée, couleuvrée nez-de-chat, parasol, saint-michel – *Macrolepiota procera*

Saison : De juillet à octobre.

Habitat favori : Forêts claires et herbeuses, clairières.

Caractéristiques : **Chapeau** de 12-25 cm, ovoïde dans la jeunesse, puis convexe, blanc brunâtre avec des écailles grossières et plus foncées, toujours plus sombres au milieu qu'au bord. **Pied** de 15-30 cm de hauteur, raide et droit, ayant un peu l'aspect d'une peau de serpent, creux, renflé en bulbe à la base, avec un anneau mobile. **Lamelles** blanchâtres dans la jeunesse, puis brun pâle, molles. **Chair** blanche, tendre, mais dure et ligneuse dans le pied. **Saveur** de noix, odeur agréable.

Pied avec un anneau coulissant

Utilisation : De premier choix dans les *Pilzschnitzel* panés (un grand classique de la cuisine germanique), mais aussi dans d'autres préparations. On jettera le pied, trop dur. Se conserve bien au congélateur.

On peut la confondre avec...

« Fausse coulemelle » poussant sur le compost

Il faut éviter les coulemelles qui poussent dans les jardins, sur le compost ou dans les serres : il s'agit en fait d'espèces apparentées, dont certaines sont non comestibles, voire toxiques. Et surtout se garder de prendre pour elle des espèces vaguement ressemblantes par leur chapeau écailleux, mais qui sont beaucoup plus petites (4 à 5 cm de large et de haut) : il s'agit de champignons très toxiques !

Remarque

On aperçoit de loin la majestueuse silhouette de la coulemelle (voir aussi pages 28 et 29). Elle croît parfois en grands ronds de sorcière.

Le coprin chevelu *Coprinus comatus*

Saison : De mai à novembre.

Habitat favori : Prairies engraissées (on les reconnaît à la présence de pissenlits), mais aussi en forêt et sur les bords des chemins.

Caractéristiques : **Chapeau** de 6-12 cm, élevé, en ovale presque cylindrique ; blanc, plus ou moins brunâtre au sommet ; squameux, à écailles grossières. **Pied** de 6-15 cm de hauteur, élancé, blanc et lisse, avec un anneau mobile. **Lamelles** serrées, blanches puis roses, avant de noircir et de couler comme de l'encre noire épaisse. **Chair** blanche et tendre. **Saveur** agréable.

Utilisation : Excellent dans les soupes, les préparations mélangées ou les *Schnitzel* panés. Ne prendre que de jeunes exemplaires et les préparer rapidement (au plus quelques heures après la cueillette).

Coprin pie

Coprin noir d'encre

On peut le confondre avec...

Il n'existe pas de champignons toxiques de même allure. Toutefois, le **coprin pie** (*Coprinus picaceus*), spectaculaire par son chapeau couvert de plaques de voile blanc sur un fond brun foncé, est non comestible et d'odeur désagréable. On évitera aussi le **coprin noir d'encre** (*Coprinus atramentarius*), qui n'est pas particulièrement goûteux et de surcroît incompatible avec toute consommation d'alcool ! Vous le reconnaîtrez à son chapeau gris argenté à brun grisâtre, à son pied dépourvu d'anneau et à sa venue souvent en touffes compactes contre les souches ou non loin des arbres.

Remarque

Cueillette et préparation de cette espèce exigent de la rapidité, faute de quoi vos beaux coprins blancs vont se métamorphoser en une masse noire et visqueuse. On procédera idéalement de la manière suivante : ne prendre que les chapeaux jeunes à lamelles blanches, que l'on détachera du pied sur place. Puis on les préparera bien vite une fois rentré à la maison.

Le lactaire délicieux

Barigoule, catalan, polonais – *Lactarius deliciosus*

Saison : De juillet à novembre.

Habitat favori : Forêts de pins à sol sablonneux.

Caractéristiques : **Chapeau** de 6-12 cm de largeur, bombé et rouge orangé avec des cercles plus foncés dans la jeunesse, puis légèrement en forme d'entonnoir, humide et lubrifié. **Pied** de 3-9 cm de hauteur, de même couleur que le chapeau, cylindrique, à surface le plus souvent ornée de petites fossettes. **Lamelles** raides et cassantes, un peu décurrentes. **Chair** pâle, solide et cassante, laissant couler un lait rouge orangé à la coupure. **Goût** suave, odeur fruitée.

Utilisation : Bon, mais moins délicieux que son nom le laisse présager. Il peut se révéler un peu amer en cas de cuisson à l'étouffée.

On peut le confondre avec...

Ce champignon fait partie d'une série de lactaires dont les particularités sont le lait rouge, la couleur orangée du chapeau, la tendance à se teinter de vert avec l'âge et la poussée dans les bois de conifères. Ils sont tous comestibles, mais le meilleur est le **lactaire sanguin** (*Lactarius sanguifluus*), au lait rouge vineux et aux lames teintées de violacé. Deux autres sont de bien moins bonne qualité : le **lactaire de l'épicéa** (*L. deterrimus*), très verdissant et qui vient, comme son nom l'indique, sous les épicéas, et le **lactaire saumoné** (*L. salmonicolor*), non verdissant et qui pousse sous les sapins blancs.

Lactaire sanguin

Remarque

Malheureusement, les vers apprécient également beaucoup ces lactaires. Vérifiez donc sur le lieu même du ramassage si vos champignons sont en bon état.

La morille blonde

Morille – *Morchella esculenta*

Saison : D'avril à mai, souvent même jusqu'en juin.

Habitat favori : Lisières, petits bois, vergers ; affectionne les bois de frênes.

Caractéristiques : **Chapeau** creux, de 4-18 cm de hauteur, arrondi à ovale, avec des alvéoles irrégulières, ocre jaunâtre, à côtes souvent brun-rouge. **Pied** de 3-8 cm de hauteur, creux, à surface granuleuse. **Chair** blanchâtre et cassante. **Goût** et odeur très agréables.

Utilisation : Saveur très fine, aussi bien chez les spécimens frais que séchés. Ce champignon étant un peu indigeste, on le consommera avec modération. On utilise de la même façon les autres espèces de morilles, telle la **morille conique** (*Morchella conica*). Ces champignons sont parmi les plus appréciés de nos régions : la grande cuisine les utilise volontiers.

Gyromitres

Morille conique

On peut la confondre avec…

Les morilles peuvent être confondues avec les **gyromitres** (*Gyromitra esculenta* et *G. gigas*), qui sont parfois toxiques. Ces derniers ont un chapeau de forme irrégulière, évoquant les circonvolutions d'une cervelle plutôt que les alvéoles d'une ruche ; ils poussent sous les conifères, également au printemps. En revanche, la **morille conique**, au chapeau plus sombre, plus pointu et aux alvéoles disposés de façon plus régulière, presque « en rang », est aussi un très bon comestible ; elle pousse en montagne, sous les conifères.

Remarque

Pour éviter les mauvaises surprises dans un dîner qui doit être un régal de gourmets, on nettoiera soigneusement les morilles, éventuellement coupées en deux, pour éliminer les bestioles et les grains de terre ou de sable qui auraient pu s'y nicher. On n'oubliera pas non plus que ces champignons doivent être bien cuits, car ils contiennent des substances toxiques que la cuisson élimine.

L'oreille-de-Judas *Auricularia auricula-judae*

Saison : Toute l'année, spécialement en hiver.

Habitat favori : Sur les branches ou les troncs de sureau, rarement sur d'autres feuillus.

Caractéristiques : Pas de distinction entre **chapeau** et **pied**. Carpophore en forme d'oreille ou de coquillage, plus ou moins lobé, plus ou moins brun à brunâtre, velouté, cartilagineux lorsqu'il est humide, dur quand il est sec ; brillant à l'intérieur, toujours plus clair que l'extérieur, souvent veiné. **Chair** à la fois ferme et de consistance gélatineuse. **Goût** suave, odeur légère de terre.

La face interne est brillante.

Utilisation : Champignon facile à sécher, ingrédient classique de la cuisine asiatique, riche en vitamine B1 et en oligo-éléments.

On peut la confondre avec…

Il est pratiquement impossible de confondre ce champignon avec une quelconque autre espèce si l'on tient bien compte de sa forme si typique, avec l'extérieur mat et l'intérieur veiné et légèrement brillant.

Espèce mieux connue sous l'appellation de « champignon noir chinois ». Elle se prête à merveille à toutes vos préparations de cuisine asiatique, et peut aussi se consommer crue et en salade.

La clavaire crêpue

Sparassis crêpu, chou-fleur, crête-de-coq – *Sparassis crispa*

Saison : D'août à octobre.

Habitat favori : Près ou contre les troncs ou les souches de conifères.

Caractéristiques : Pas de distinction entre **chapeau** et **pied**. Carpophore en forme d'éponge, fortement ramifié, comme avec des feuilles frisées, jusqu'à 30 cm de diamètre, ocre pâle dans la jeunesse, puis rose brunâtre, avec des bords tirant ensuite vers le brunâtre. **Chair** blanchâtre. **Goût** de noix ; les parties les plus anciennes sont légèrement amères ; odeur doucement épicée.

Utilisation : Quand le champignon est jeune, il est excellent aussi bien dans les préparations mélangées que dans les plats uniques. C'est l'une de nos meilleures espèces comestibles. Il peut se conserver quelques jours au réfrigérateur ; on peut également le faire sécher ou le congeler sans lui faire perdre de ses qualités gustatives. Les vieux spécimens sont un peu amers.

Sparassis laminé

On peut la confondre avec…

Le **sparassis laminé** (*Sparassis laminosa*), qui pousse aussi bien au pied des troncs de feuillus que de conifères, aux ramifications ressemblant plutôt à des lames étalées et ondulées, est également comestible, mais comme c'est une espèce rare, il sera bon de l'épargner. Ces deux espèces ne peuvent être confondues avec aucun champignon vénéneux.

Remarque

Il est fortement conseillé de laver abondamment ce champignon. Au contraire de nombreuses espèces, il supporte très bien d'être nettoyé sous l'eau courante. Ce traitement est d'ailleurs impératif, car les replis de ses ramifications emprisonnent sable, aiguilles de conifères et toutes sortes de bestioles.

Le panier est plein — et maintenant ?

Premiers pas

Votre récolte a été fructueuse ? Félicitations ! Il va maintenant falloir vous en occuper rapidement, pour qu'elle ne se gâte pas. C'est que les champignons contiennent de l'albumine, une substance rapidement dégradable ; il faut donc les traiter comme le poisson cru ou la viande crue.

Quand il faut aller vite

Si le panier n'est pas très rempli, la solution est de préparer rapidement un plat de champignons. Mais si vous avez eu de la chance et que vous ayez rapporté plusieurs paniers pleins à la maison, vous allez procéder comme suit :

- **Décharger les champignons et les trier par espèce :** vous avez alors une vue d'ensemble de ce que vous allez devoir faire. Si vous n'êtes pas tout à fait sûr d'une ou deux espèces, vous les mettrez de côté pour un nouvel examen ou pour aller consulter un mycologue patenté.
- **Se consacrer d'abord aux champignons les plus périssables :** par exemple aux coprins chevelus, qui sont à traiter sur-le-champ ; entreposer les autres dans un endroit frais et aéré.
- **Traiter les champignons à chair molle :** par exemple les champignons à tubes tels que les bolets des mélèzes ou les bolets rudes, de même que les champignons tendres à lamelles. Les rosés-des-prés ou les golmottes seront également traités en priorité.

Attention : parasites !

Ne ramassez pas de champignons véreux ! Les vers ont un appétit terrible pour les champignons cueillis : il ne vous resterait pas grand-chose à manger pour le soir…

Des camarades de meilleure composition

On laissera reposer dans un endroit frais et aéré les champignons à chair ferme et à tubes, tels les cèpes, les bolets à pied rouge, les bolets blafards, les bolets bais ou les bolets orangés jusqu'au lendemain. Vous pouvez également faire patienter les champignons à lamelles dont la chair est sèche et la consistance ferme, tels que les marasmes d'oréade ou les mousserons de printemps.

Seules quelques espèces sont toutefois assez résistantes pour supporter deux jours d'attente. Ce sont par exemple les girolles, les pieds-de-mouton ou les pleurotes en huître. Attention toutefois : même ces espèces résistantes seraient sans doute meilleures si elles arrivaient plus rapidement dans votre marmite !

Votre principe de base doit donc être le suivant : préparer votre récolte le plus vite possible et ne pas la laisser attendre plus longtemps que nécessaire.

Le nettoyage fin se fait au pinceau.

Un bon nettoyage offre tous les avantages

Si les champignons ont été déposés relativement propres dans votre panier, sur les lieux de la cueillette (voir page 39), votre tâche en sera facilitée une fois rentré à la maison.

Enlevez entièrement le revêtement des espèces visqueuses. Coupez aussi les parties attaquées par les vers, et éliminez les flétrissures dues au transport. Débarrassez-vous également des tubes spongieux des spécimens de bolets les plus âgés, qui sont rapidement réduits en bouillie lors du transport.

Au cas où vous n'auriez pas rejeté sur le terrain les champignons gâtés, c'est le moment ou jamais de le faire.

Bien nettoyer les lamelles est déjà en soi un petit exploit. Vous réduirez cette peine en transportant vos champignons de façon adéquate. Un pinceau ou une petite brosse aideront ensuite à chasser les ultimes saletés. Les parties dures ou coriaces des pieds seront découpées : bien séchées, elles pourront ensuite être moulues pour en faire de la poudre d'assaisonnement.

Doit-on laver les champignons ?

En règle générale, des champignons bien nettoyés n'ont pas besoin d'être lavés. On ne renoncera pas pour autant à employer l'eau dans certains cas, mais brièvement : les sujets risqueraient de se gorger d'eau et de perdre de leur saveur !

Une exception sera faite pour la clavaire crêpue : il est en effet indispensable de la laver copieusement à l'eau courante, car des insectes et divers débris se nichent dans les moindres recoins de ses ramifications.

Conserver les champignons

Afin de pouvoir profiter de votre récolte toute l'année, par petites portions, il existe différentes méthodes de conservation : le séchage, la cuisson, la mise dans le vinaigre ou le sel, la congélation. Plus deux ou trois choses...

Le séchage

Une méthode simple pour transformer votre récolte en réserve de champignons est le séchage. Il faut veiller pour cela à utiliser des exemplaires en très bon état.

Durée : Plusieurs heures ou plusieurs jours.

Conservation : On ne doit pas garder les champignons séchés plus de 18 mois.

Quelles espèces ? Toutes les espèces à tubes et à chair ferme : cèpe, bolet orangé, bolet bai, etc., mais aussi pied-bleu, morille, trompette-des-morts ou marasme d'oréade. Parmi les champignons destinés à l'assaisonnement, l'hydne imbriqué est à recommander : sa poudre donne un arôme excellent aux sauces et aux soupes.

À éviter : Les espèces vite décomposées comme le coprin chevelu, ou aqueuses comme l'amanite rougissante et le bolet rude. On ne fera sécher les girolles que pour les employer plus tard sous forme de poudre, car elles deviennent alors très dures et un peu amères. Les champignons âgés ou à chair molle ne conviennent pas pour le séchage, car ils récupèrent facilement de l'eau et moisissent.

Processus : Ne jamais laver préalablement les champignons et ne pas utiliser de sujets trop humides. Les nettoyer à sec, puis les couper en tranches de 5 mm d'épaisseur, au maximum, que l'on étalera sur un support laissant passer l'air (claie, par exemple) ou que l'on enfilera sur un cordonnet à suspendre.

L'idéal est de faire cette opération par temps chaud et

Un bruit de papier froissé à la manipulation ? Vos champignons sont bien secs.

sec, avec un peu de vent. Si ce n'est pas le cas, la dessiccation se fera près d'un foyer, à une température maximale de 50 °C. On laissera sécher jusqu'à ce que les morceaux fassent entendre à manipulation un bruit de papier froissé et qu'ils deviennent craquants. On les placera alors aussitôt dans des conteneurs parfaitement hermétiques et on les entreposera dans un endroit frais et sec.

Emploi : En vue de la dégustation, on fera tremper les champignons quelques heures – ou mieux une nuit – dans un peu d'eau pour les réhydrater et les ramollir, puis on les cuira au moins 20 minutes.

Attention !

Ne consommez jamais de champignons séchés sans les faire cuire : ils seraient à peu près aussi peu mangeables que s'ils étaient utilisés crus et frais.

La poudre de champignons

La poudre de champignons est très pratique.
Elle est facile d'emploi et possède un fort pouvoir d'assaisonnement. L'albumine contenue dans les champignons est en outre alors plus facilement digérable.

Durée : Si les champignons sont déjà secs, cela ne dure que quelques minutes.

Conservation : On ne doit pas garder les champignons moulus plus de 12 mois.

Quelles espèces ? Les espèces à chair ferme, comme la girolle, la chanterelle en trompette, le pied-de-mouton ou l'hydne imbriqué, donnent d'excellents résultats. Le plus approprié semble toutefois être l'hydne imbriqué, qui convient particulièrement bien pour l'assaisonnement (voir page 107, « Le séchage »).

Processus : Moudre de préférence dans un moulin mécanique. Avec un moulin électrique, on procédera par petites étapes successives afin d'éviter tout échauffement de la poudre, qui perdrait alors de sa qualité.

Emploi : La poudre de champignons est simplement ajoutée aux plats en cours de cuisson.

La mise en conserve

Nos arrière-grand-mères étaient fières de leurs conserves. Comme il y a aujourd'hui beaucoup d'autres possibilités pour conserver les aliments, la mise en conserve est un peu passée de mode, ces dernières années ; mais la méthode semble toujours d'actualité pour les champignons, ne serait-ce qu'en raison de l'assaisonnement qui permet d'ajouter au produit une note réellement personnelle. Les conserves « maison » constituent aussi de merveilleux cadeaux.

Durée : 60 + 45 minutes, avec deux jours de repos entre les deux cuissons.

Conservation : Une bonne conserve peut se garder environ 12 mois.

Au goût de chacun : champignons au vinaigre aromatisé.

Quelles espèces ? Préférer des champignons à chair ferme et de première qualité. Le laccaire améthyste donnera un plat coloré, particulièrement plaisant à l'œil comme au palais.

Processus : Blanchir les champignons, entiers ou coupés en deux, pendant 5 minutes dans de l'eau légèrement salée. On peut remplacer l'eau salée par une solution de vinaigre aromatisé ($^{1}/_{3}$ de vinaigre aux fines herbes, $^{2}/_{3}$ d'eau) à laquelle on ajoutera des épices au goût de chacun : grains de poivre et/ou de moutarde, laurier-sauce, oignon, paprika, gingembre, curcuma, etc. Les disposer ensuite dans des bocaux que l'on remplira d'eau aux trois quarts, puis fermer hermétiquement le couvercle. Ranger ensuite tous les bocaux dans un vaste récipient – grande bassine allant au feu, par exemple (nos grands-mères utilisaient à cet effet une lessiveuse) – et recouvrir d'eau. Cuire 30 minutes à petits bouillons, puis répéter l'opération après un repos de 48 heures. Étiqueter précisément les bocaux ainsi stérilisés, avant de les entreposer au frais et dans l'obscurité.

Important ! Bien vérifier que les bocaux sont hermétiquement scellés par la stérilisation, faute de quoi l'air y pénétrerait et gâterait le contenu en le rendant impropre à la consommation, voire toxique.

Emploi : Servir en accompagnement d'une salade ou de plats froids.

La congélation

On peut parfaitement congeler les champignons : c'est très simple et très vite fait. Rapidement blanchis, les trésors de votre cueillette conserveront leur goût, leur couleur et leur consistance. Attention cependant : congelés crus, de nombreux champignons risquent de devenir spongieux ou bien durs et amers.

Durée : Quelques minutes par portion.

Conservation : On ne doit pas garder les champignons congelés plus de 12 mois.

Quelles espèces ? Toutes les espèces à chair ferme.

Processus : Couper en tranches ou en morceaux les champignons frais, sains et propres, tels qu'on escompte les consommer plus tard. Les faire blanchir par portions successives, 2 à 4 minutes, dans de l'eau salée et bouillante, puis bien les égoutter et les laisser refroidir. Enfermer ensuite les portions ainsi traitées dans des sachets ou des boîtes de congélation que l'on rangera aussitôt dans le congélateur, après avoir pris soin de les étiqueter correctement.

Emploi : Les champignons décongelés (au réfrigérateur) seront traités rapidement et ne devront pas être recongelés. Vous pouvez aussi mettre à chauffer directement de petites porti encore gelées.

Vous pouvez aussi préparer à l'avance et congeler des plats complets.

Tout utiliser

On peut réutiliser l'eau qui a servi à blanchir les champignons ou celle contenue dans les bocaux des conserves : elle constituera une base goûteuse pour des soupes ou des sauces.

Les classiques éprouvés

On peut accommoder les champignons de cent façons aussi différentes que savoureuses. Il faut du reste remarquer que, même dans la cuisine traditionnelle, il existe de nombreuses recettes de champignons sans la moindre trace de viande – sans que l'on ait la sensation qu'il manque quelque chose.

Omelette aux champignons

Pour deux personnes :

- un petit oignon (ou une échalote)
- un peu de lard fumé (facultatif)
- un peu de bière (facultatif)
- huile de cuisine
- 500 g de champignons
- 5 œufs
- sel et poivre

Éplucher puis émincer l'oignon ou l'échalote. Couper le lard en petits dés. Couper les champignons nettoyés en fines tranches. Dans la poêle, faire revenir rapidement lard et oignon (ou échalote) dans un peu d'huile, puis ajouter les champignons et bien remuer le tout. Battre dans un bol les œufs avec un peu de sel et de poivre (éventuellement un peu de bière), puis verser le mélange mousseux sur les champignons préalablement répartis dans la poêle. Laisser revenir à petit feu et sans couvrir, jusqu'à ce que tout l'œuf soit cuit, et servir aussitôt.

On peut aussi, à volonté, semer un peu de ciboulette ou d'estragon sur l'omelette avant de servir, et accompagner le tout de toasts beurrés et d'une salade verte.

Coulemelles panées

Pour deux personnes :

- 2 à 4 chapeaux de coulemelle, selon grosseur
- sel et poivre
- un peu de farine
- un œuf
- un peu de chapelure
- beurre fondu ou huile neutre

Nettoyer les coulemelles débarrassées de leur pied, saler et poivrer avant de paner les chapeaux comme une escalope. On les passera donc successivement dans trois assiettes contenant respectivement de la farine, de l'œuf battu et de la chapelure. Faire chauffer à feu moyen la matière grasse dans une poêle, y faire ensuite dorer les chapeaux panés sur les deux faces.
Vous pouvez ensuite servir avec tout ce qui peut accompagner une escalope panée : salade mélangée, fromage blanc aux herbes, etc. Ce sera vite préparé et pas trop riche. On peut aussi mettre un peu de jus de citron sur les champignons panés.

Girolles à la crème

Pour deux personnes :

- 1 ou 2 échalotes
- beurre
- 500 g de girolles
- 100 g de jambon cru (facultatif)
- 200 g de crème liquide
- 2 dl de vin blanc
- sel et poivre
- noix de muscade

Éplucher et hacher finement les échalotes. Couper le jambon en petits dés. Nettoyer les girolles et partager en deux les plus grandes dans le sens de la longueur. Glacer les échalotes dans la poêle à feu moyen avec le beurre. Ajouter le jambon et les girolles, faire revenir 5 minutes et assaisonner de sel et de poivre. Ajouter la crème et le vin. Laisser cuire encore 2 minutes avant de râper un peu de noix de muscade.
Tagliatelles ou spaghettis accompagnent très bien cette recette. Mais on peut aussi la présenter avec des escalopes non panées ou du gibier avec des spaetzle.

Poêlée de champignons

Pour deux personnes :

- 1 ou 2 échalotes
- beurre fondu ou huile neutre
- 500 g de champignons
- sel et poivre
- marjolaine et romarin ou thym
- un peu de zeste de citron râpé

Éplucher et hacher finement les échalotes. Bien nettoyer les champignons, les couper en tranches ou en morceaux (selon les goûts). Faire revenir un peu les échalotes dans la poêle à feu moyen, avec la matière grasse. Ajouter les champignons, laisser revenir doucement en remuant jusqu'à ce que le mélange prenne une belle couleur dorée et appétissante. Saler, poivrer et assaisonner selon les goûts avec des herbes et un soupçon de zeste de citron.

Pour les petites récoltes...

... la poêlée de champignons est la solution idéale, même lorsqu'il y a plusieurs convives et que la récolte n'a pas été abondante. On la servira comme accompagnement d'une viande ou d'une salade, ou bien on l'agrémentera avec de l'ail, des croûtons ou des graines de potiron grillées. Il va de soi que l'on peut aussi combiner champignons sauvages et champignons du commerce.

Strudel de champignons des bois

Pour quatre personnes :

- hachis de champignons (comme pour la poêlée de la page précédente, mais avec des champignons coupés en très petits morceaux)
- 250 g de pâte feuilletée en une pièce
- 1 jaune d'œuf

Préchauffer le four à 200 °C. Étaler la pâte feuilletée au rouleau sur une plaque de travail farinée, avant de la disposer sur une plaque allant au four, habillée de papier sulfurisé. Répartir le hachis de champignons sur la moitié de la feuille de pâte, dont on badigeonnera les bords avec de l'œuf battu. Rabattre la moitié vide de la feuille de pâte sur la garniture de hachis et sceller fermement les bords enduits de jaune d'œuf. Dessiner des fentes croisées à la surface de l'ensemble, que l'on badigeonnera ensuite avec le reste du jaune d'œuf battu. Laisser cuire au four pendant une demi-heure environ, jusqu'à ce que le strudel prenne une belle couleur brun doré. On dégustera avec de la doucette, de la laitue pommée ou des légumes verts.

Quiche aux champignons

Pour une quiche (en entrée, pour six personnes) :

- 200 g de farine
- 100 g de beurre
- 1 jaune d'œuf
- 1 pincée de sel
- 1 cuillerée à soupe de moutarde douce
- beurre et farine pour le moule
- 300 g de champignons
- 2 échalotes
- 4 œufs
- 100 g de crème fraîche
- sel, poivre et muscade

Confectionnez la pâte brisée avec la farine et le beurre en petits morceaux, le jaune d'œuf, le sel et la moutarde. Bien travailler cette pâte, puis la laisser reposer au frais.
Beurrer le moule avant de le saupoudrer de farine. Couper les champignons en tranches et les faire revenir dans une poêle 5 minutes, avec les échalotes finement hachées. Dans un bol, mélanger les œufs, la crème fraîche et les épices.
Préchauffer le four à 180 °C. Étaler la pâte brisée pour en garnir le moule, répartir dedans les champignons préparés puis verser le mélange d'œufs et de crème fraîche. Laisser cuire au four 40 minutes environ, jusqu'à ce que la quiche prenne une belle couleur brun doré. Servir avec une salade craquante.

Soupe aux nouilles chinoises

Pour quatre personnes :

- 80 g de nouilles chinoises
- 1 morceau de gingembre
- 2 gousses d'ail
- 2 petits piments
- huile de sésame
- 1 l de bouillon de légumes
- 200 g de champignons noirs chinois frais (oreilles-de-Judas) ou de pholiotes changeantes
- 200 g de tofu
- 2 feuilles de bette
- 3 carottes
- 4 cuillerées à soupe de sauce de soja
- 1 poignée de pousses de soja
- 2 c. à café de graines de sésame grillées

Faire tremper les nouilles 20 minutes dans l'eau chaude ; égoutter.
Couper finement le gingembre et le faire revenir dans l'huile de sésame avec les gousses d'ail et les piments écrasés, puis ajouter le bouillon de légumes. Assaisonnez le brouet obtenu avec de la sauce de soja.
Faire cuire 10 minutes dans ce bouillon les carottes coupées en tranches, les morceaux de champignon et le tofu en petit cubes, puis ajouter les deux feuilles de bette et laisser cuire 5 autres minutes, couvercle fermé. Rectifier l'assaisonnement avec la sauce de soja.
Avant de servir, enlever les restes d'ail et de piment, et ajouter les pousses de soja et les graines de sésame grillées.

Champignons aux herbes et pommes de terre nouvelles

En entrée pour quatre personnes ou en plat principal pour deux personnes :

- 4 pommes de terre
- huile de cuisine neutre
- 300 g de champignons mélangés
- 1/4 de poireau
- thym frais
- romarin frais
- pousses de roquette fraîches
- sel et poivre
- jus de citron

Faire cuire les pommes de terre dans de l'eau salée, puis les partager en deux dans la longueur et les faire doucement sauter dans la poêle avec un peu d'huile.
Couper les champignons en morceaux, les faire revenir 10 minutes dans l'huile ; au bout de 3 minutes, ajouter le poireau en fines tranches, le thym et le romarin, le sel, le poivre et le jus de citron. Au bout de 8 minutes, ajouter les pousses de roquette qui vont cuire doucement pendant 2 minutes encore. Saler et poivrer les moitiés de pomme de terre, garnies de champignons aux herbes.

Des questions ?

Pour aller plus loin

Vos premières sorties vous donnent envie de continuer ? Les éditions Delachaux et Niestlé vous proposent d'autres références pour parfaire vos connaissances.

Les Champignons dans la nature
(H. Knudsen & J. H. Petersen)
Un superbe guide pour reconnaître facilement 230 espèces de champignons, toutes illustrées de photos in situ d'une qualité exceptionnelle.
29 euros

Guide des champignons de France et d'Europe
(R. Courtecuisse & B. Duhem)
Guide d'identification de référence des 1 751 espèces les plus communes en 3 200 dessins couleurs.
30 euros

La Nature comestible (I. Burrows)
Pour découvrir, identifier et déguster les nombreuses plantes sauvages comestibles qu'offre la nature.
21 euros

Petit atlas des champignons (P. Reumaux & B. Duhem)
Reconnaître et distinguer 70 espèces communes de champignons comestibles et toxiques.
4,95 euros

450 champignons (A. Gminder & T. Böhning)
450 champignons classés en trois couleurs selon la structure de leur chapeau : à tubes, à lames et autres.
12,90 euros

C'est en forgeant qu'on devient forgeron

Dans l'identification des champignons, l'expérience pratique est un aspect essentiel. Chaque fois que vous parcourez la nature avec un guide en main, vous apprenez quelque chose en plus. Mais ce processus peut être accéléré : allez donc en tournée de ramassage avec un amateur expérimenté, identifiez les espèces en commun et posez beaucoup de questions.
Si vous n'avez pas d'ami ou de relation versés dans la mycologie, vous pouvez suivre des cours publics et participer à des randonnées de découverte. Celles-ci sont organisées par des associations de naturalistes généralistes ou spécialisées dans l'étude des champignons, comme par exemple la Société mycologique de France, basée à Paris, dont le site a pour adresse électronique www.mycofrance.org. Nombre de ces associations proposent même des séjours ou des stages mycologiques de plusieurs jours en France et à l'étranger. En naviguant sur Internet, on découvrira aussi des cours de cuisine spécialisés dans les champignons, qui élargiront vos horizons culinaires.

Centres antipoison

Sur Internet : www.centres-antipoison.net

Angers	02 41 48 21 21
Bordeaux	05 56 96 40 80
Grenoble	04 76 76 56 46
Lille	08 25 81 28 22
Lyon	04 72 11 69 11
Marseille	04 91 75 25 25
Nancy	03 83 32 36 36
Paris	01 40 05 48 48 ou 45 45
Reims	03 26 06 07 08
Rennes	02 99 59 22 22
Rouen	02 35 88 44 00
Strasbourg	03 88 37 37 37
Toulouse	05 61 77 74 47

Index

Agaric à soupe 82
Agaric des prés 28, 88
Agaric jaunissant 88
Amanite épaisse 86
Amanite panthère 86
Amanite phalloïde 36
Amanite printanière 88
Amanite rougissante 86
Amanite vaginée 84
Amanite vineuse 86
Amanite vireuse 88
Barigoule 94
Biotope 16
Bolet à beau pied 44
Bolet à chair jaune 48
Bolet amer 42, 46
Bolet à pied rouge 44
Bolet bai 46
Bolet blafard 44
Bolet bronzé 42
Bolet chicotin 42, 46
Bolet des bœufs 52
Bolet des bouviers 52
Bolet des chênes 58
Bolet des mélèzes 54
Bolet des pins 42
Bolet du charme 56
Bolet élégant 54
Bolet granulé 54
Bolet jaune 54
Bolet orangé 58
Bolet rose-pourpre 44
Bolet rude 56
Bolet Satan 44
Bolet subtomenteux 50
Bolet tacheté 52
Caractéristiques 34
Catalan 94
Centres antipoison 125
Cèpe 42
Cèpe de Bordeaux 42
Cèpe d'été 42
Chanterelle 62
Chanterelle cendrée 66
Chanterelle
en trompette 64
Chanterelle jaunissante 64
Chanterelle sinueuse 66
Chou-fleur 100
Clavaires 33
Clavaire crêpue 100
Clitocybe de l'olivier 62
Collybie à pied velouté 80
Congélation 111
Conifères 20
Conifères, forêts de 18
Coprin chevelu 29, 92
Coprin noir d'encre 92
Coprin pie 92
Cortinaire à odeur
de bouc 74
Coulemelle 29, 90
Couleuvrée 90
Crête-de-coq 100
Équipement 12
Fausse-girolle 62
Faux-mousseron 78
Feuillus 24
Feuillus, forêts de 22
Galère marginée 82
Girolle 62
Golmotte 86
Gyromitre 96
Habitat 16
Hydne imbriqué 70
Hydne sinué 68
Hypholome couleur
de brique 80
Hypholome
en touffes 80, 82
Identification 32
Inocybe de Patouillard 76
Inocybe fibreux 76
Laccaire améthyste 72
Laccaire laqué 72
Lactaire de l'épicéa 94
Lactaire délicieux 94
Lactaire sanguin 94
Lactaire saumoné 94
Lavage 106
Lépiote élevée 90
Marasme des collines 78
Marasme des oréades 78
Mixtes, forêts 26
Morille 96
Morille blonde 96
Morille conique 96
Mousseron d'automne 78
Mousseron
de printemps 76
Mycène pur 72
Nez-de-chat 90
Niche écologique 16
Nonnette voilée 54
Nymphe
des montagnes 78
Oreille-de-Judas 98
Parasol 90
Pâturages 28
Pholiote changeante 82
Pholiote marginée 82
Pied-bleu 74
Pied-de-mouton 68
Pleurote corne-
d'abondance 60
Pleurote de l'olivier 62
Pleurote en huître 60
Pleurote tardif 60
Polonais 94
Prairies 28
Prés 28
Psalliote champêtre 28, 88
Recettes « autrement » 117
Recettes classiques 112
Rosé-des-prés 28, 88
Saint-michel 90
Saisons 6
Séchage 107
Sparassis crêpu 100
Sparassis laminé 100
Stérilisation 109
Temps 8
Tête-de-nègre 42
Tricholome de
la Saint-Georges 76
Trompette-des-morts 66

Crédits photographiques

Illustration de couverture et illustrations intérieures (sauf pages 34/35) : Daniel Stieglitz.
Foto Pilz : iStockphoto/stocksnapper

awfoto – Fotolia.com p. 25
Bildagentur Waldhäusl / IB / Olivier Digoit p. 95
Blickwinkel.de / J. Fieber p. 39
Blickwinkel.de / C. Stenner p. 25
DjiggiBodgi.com - Fotolia.com p. 29
Flubacher, Helmuth Zeichnungen p. 34 et 35
FotoNatur/Holger Duty p. 53
Grünert, Helmut pp. 44(3), 48(2), 52(2) 54(2), 64, 66, 70, 72(2), 75, 74(2), 76(2), 78, 80 (2), 82, 84, 88, 94, 96(2), 100, 123
Gynex – Fotolia.com p. 30
Hecker, Frank pp. 17, 19, 22, 20, 24, 25, 39, 51, 69, 87, 90, 99, 98
iStockphoto – AVTG pp. 4, 14
istockphoto – Danijelm p. 120
iStockphoto – mumifikator p. 10
iStockphoto – pkruger p. 40
iStockphoto/andsem p. 18
iStockphoto/Carlo Bergonzoni p. 108
iStockphoto/Jello 5700 pp. 23, 97
iStockphoto/Jill Chen p. 115
iStockphoto/Marko Jamnik p. 114
iStockphoto/Michael Wolf p. 24
iStockphoto/Michal Boubin p. 110
iStockphoto/Roger Whiteway p. 25
kubais - Fotolia.com p. 43
Laux, Hans E. pp. 20(3), 21, 24, 27, 36, 42, 46, 50, 56, 60, 62, 64, 76(2), 85, 86(2), 88(2), 90, 92(2)
Naturfoto.cz / Jiri Bohdal p. 58
Naturfoto.cz / Jonathan Maly pp. 9, 7, 42, 45, 49, 55, 59, 60, 61, 79, 81, 83
Pforr p. 21(2)
pixilon – Fotolia.com pp. 62, 101
Rotholl Fotoagentur/Rotheneder pp. 63, 71, 77, 91
rotoGraphics - Fotolia.com p. 24
Séverine Perriard – Fotolia.com p. 28
Siegfried Schnepf – Fotolia.com p. 47
Sielan – Fotolia.com p. 21
Stockfood/Michael von Paul p. 102
Stockfood/Chris Alack p. 118
Stockfood/Frank von Croes p. 116
tomsturm – Fotolia.com p. 25
Vladimir Semenov - Fotolia.com p. 105
Zoonar/Alexander Limbach p. 73
Zoonar/Chi Casting p. 65
Zoonar/Günter Slabihoud p. 68
Zoonar/Himmelhuber p. 25
Zoonar/igreen, Jonathan Fieber p. 89
Zoonar/Karl Heinz Rangs p. 93
Zoonar/mirabell p. 67
Zoonar/S.Schnepf p. 57

Édition originale :
Titre : *Pilze finden !*

Édition française :

Traduction : Denis Canal
Préparation et relecture : Gérard Tassi
Mise en page : Hokus Pokus Créations
Couverture : Hokus Pokus Créations

Imprimé par Graficas Estellas (Espagne)
Dépôt légal : septembre 2011
Réimpression : octobre 2011

ISBN 978-2-603-01783-8